ulmer

HEIDE BERGMANN

LANG LEBE *mein* BASILIKUM

KRÄUTER-GLÜCK FÜR DRINNEN UND DRAUSSEN

40 KRÄUTER NACHHALTIG ANBAUEN UND GENIESSEN

INHALT

DIE BESTEN KRÄUTER ⟶ 34

SERVICE ⟶ 136

➳ KRÄUTER MACHEN GLÜCKLICH

Kräuter faszinieren mit ihren vielfältigen Aromen, Inhaltsstoffen, Blüten und Wuchsformen. Man kann sie für so vieles nutzen: als Würze, Drink, Tee, Arznei, Deko oder für Wellness. Viele sind Insektenmagneten. Sie brauchen nicht viel Platz. Schon ein Balkon reicht aus, um sich ganzjährig mit Kräutern zu versorgen.

Kräuter selber ziehen macht Laune. Auf dem Balkon mit den Händen in der Erde wühlen, säen und pflanzen lässt einen die Zeit vergessen. Mit der Hacke im Beet stehen, den mediterranen Duft in der Nase, ist wie eine Auszeit, wie im Urlaub. Die meisten Kräuter wachsen unkompliziert, robust und üppig. Auch ohne grünen Daumen gibt es bald Erfolge.

Seit vielen Jahren baue ich Kräuter an. Jedes Frühjahr stellt sich die Begeisterung von Neuem ein. Ab Februar freue ich mich auf die ersten Triebe von Winterhecken-Zwiebeln. Im Sommer schneide ich eine gefühlte Ewigkeit Basilikum. Im Herbst grabe ich Meerrettichwurzeln aus. Bei Minusgraden schneide ich winterharten Majoran vom Balkon. Schnell mal raus und ein paar Stängel zum Kochen schneiden

– das ist Kräuterglück. Und wenn die duftenden, kraftspendenden Kräuterbüschel in der Küche auf dem Schneidebrett liegen, habe ich das Gefühl, Körper und Seele etwas Gutes zu tun.

KRÄUTER STECKEN VOLLER POWER

Kräuter sind reich an Inhaltsstoffen, ätherischen Ölen, Vitaminen und Mineralstoffen. Ein Speiseplan mit regionalen und saisonalen Zutaten ist noch gesünder, wenn Kräuter im Spiel sind. Sie stärken die Verdauung und den Organismus, machen fit und helfen uns durch die Erkältungszeit. Mit Kräutern und Blüten kreieren wir fantasievolle Teller, bunte Bowls und völlig neue Kombinationen. Ist man einmal auf der Schnupperspur, beginnt ein Aromaabenteuer, das die Geschmacksknospen zum Tanzen bringt. Von Ananas-Salbei bis Zitronengras gibt es vieles zu entdecken. Speisen aus den Küchen der Welt erhalten mit exotischen Kräutern die richtige Finesse – aus eigenem lokalem Anbau.

Kräuter sind auch Medizin. Seit Jahrtausenden wissen Kundige um die Heilkräfte von Pflanzen. Aus der Antike, aus den mittelalterlichen Klostergärten und von Generationen von Bauersfrauen sind Rezepturen bekannt, auf die wir noch heute zurückgreifen können. Ob ein Tee bei Magenbeschwerden, eine Entschlackungskur oder ein Aperitifwein – oft sind es einfache Rezepturen, mit denen wir Tees, Salben und Tinkturen selber herstellen können.

NACHHALTIGER KRÄUTERANBAU

Dieses Buch ist eine Einladung, sich mit Kräutern selbst zu versorgen und dabei die Umwelt und das Klima zu schützen. Lange Transportwege, Plastikverpackungen und Chemie müssen nicht sein. Mit Kräutern aus eigenem Anbau weiß man, was man hat. Sie sind auf kurzem Weg entstanden, frei von Pestiziden und stets frisch zur Hand. Wer keinen Garten hat, startet mit einer Kräuterpflanzung auf dem Balkon oder am Fensterbrett. Es braucht nicht viel Platz, um Kräuter in Bioqualität selber zu produzieren.

Wie man erfolgreich und nachhaltig gärtnert, erläutere ich ab Seite 16. Was die jeweiligen Kräuter brauchen, wie man sie entsprechend ihrem natürlichen Standort anbaut, erfahren Sie ausführlicher in den jeweiligen Porträts ab Seite 34. Inzwischen haben sich viele Gärtnereien auf Kräuter spezialisiert. Das Angebot an alten und neuen Sorten, an heimischen und weltweiten Arten war noch nie so groß. Daher beschreibe ich neben den jeweiligen Hauptakteuren zahlreiche weitere Arten und Sorten. Viel Freude beim Stöbern und Entdecken!

KRÄUTER IM GARTEN UND AUF DEM BALKON

DAS WHO'S WHO DER DUFTENDEN

Im Frühling reihen sich die Kräutertöpfe auf den Verkaufstischen der Gärtnereien. Auf den ersten Blick sehen sie ähnlich aus. Doch es gibt Unterschiede, was ihre Lebensdauer, ihre Herkunft und ihre Winterhärte betreffen. Je mehr wir über die jeweiligen Kräuter und ihren ursprünglichen Standort wissen, desto besser können wir ihnen geben, was sie brauchen.

Einjährige Kräuter wie Basilikum, Dill, Koriander oder Kerbel sind nur Sommergäste im Garten. Sie keimen, treiben Blätter, blühen, bilden Samen und sterben ab – und das innerhalb einer Saison. Diese Kräuter ziehen wir am besten aus Samen. Da sie rasch wachsen, können wir sie den Sommer über mehrmals nachsäen. Petersilie und Schnitt-Sellerie sind zweijährig. Sie blühen im zweiten Jahr. Stauden wie Minze, Zitronenmelisse, Schnittlauch oder Oregano sind mehrjährig. Ihre oberirdischen Teile sterben im Winter ab. Im Frühjahr treiben neue Blattstiele aus dem Wurzelstock aus. Mediterrane Halbsträucher wie Lavendel, Salbei oder Berg-Bohnenkraut bilden holzige Stämmchen und können sehr alt werden. Damit sie vital bleiben, brauchen sie einen regelmäßigen Schnitt.

Bei manchen Kräutern verraten die Form und die Farbe der Blätter, mit wem wir es zu tun haben. Große, saftig grüne Blätter sind ein Hinweis, dass die Pflanzen genügend Wasser und Nährstoffe brauchen. Mit ihren Blättern fangen sie viel Licht ein und kommen daher auch im Halbschatten zurecht. Postelein, Zitronenmelisse, Minze, Borretsch, Basilikum oder Liebstöckel gehören dazu. Ganz anders die mediterranen Halbsträucher. Mit ihren silbrig grauen Nadeln oder filzig ledrigen Blättern sind Currykraut, Lavendel oder Salbei gegen Trockenheit, Hitze und Verdunstung gerüstet. Sie brauchen nur sehr wenig Wasser und kaum Nährstoffe, aber dafür einen Platz in voller Sonne, um ihre ätherischen Öle zu bilden.

Mediterrane Halbsträucher mögen Sonne und einen felsigen, trockenen Standort. Ihre Wurzeln dürfen nicht im Wasser stehen.

Kapuzinerkresse wächst gut im Gemüsebeet, aber auch im Hochbeet oder in einem Topf mit nahrhafter, feuchter Erde.

EINTEILUNG NACH LEBENSBEREICHEN

Am besten gelingt der Anbau von Kräutern, wenn man sie entsprechend ihrem ursprünglichen Standort kultiviert. Kräuter mit ähnlichen Wachstumsbedingungen pflanzt man zusammen. Je nach ihren Ansprüchen an Boden, Wasser, Licht und Temperatur kann man die Kräuter nach folgenden Lebensbereichen einteilen:

Der Lebensbereich Gemüsebeet bzw. Hochbeet zeichnet sich durch einen frischen, humosen Boden aus, der durch Lockerung offen gehalten wird und durch Gießen leicht feucht ist. Der Boden enthält Nährstoffe durch Kompost- oder organische Düngergaben. Hier gedeihen Rucola, Koriander, Kerbel, Petersilie, Borretsch, Schnittlauch oder Liebstöckel.

Der Lebensbereich Kräuterbeet besteht aus einem abgemagerten, sandig kiesigen Boden in offener, sonniger Lage. Er enthält weniger Nährstoffe als ein Gemüsebeet. Pflanzen Sie hier Stauden oder Halbsträucher wie Estragon, Minze, Oregano, Majoran, Zitronenmelisse, Salbei, Wermut, Eberraute und vieles mehr.

Der Lebensbereich mediterranes Beet ist ein karger, mineralischer Standort in voller Sonne. Er setzt sich aus Kalkschotter, Steinen und Erde zusammen. Das Wasser fließt schnell ab. Lavendel, Berg-Bohnenkraut, Thymian, Bergminze, Rosmarin oder Muskateller-Salbei gedeihen hier gut.

Der Lebensbereich Gehölzrand ist schattig und bietet feuchten Humusboden. Hier wachsen nur wenige Kräuter, etwa Postelein oder Bärlauch. Ihr Wachstum findet hauptsächlich im Frühjahr statt, wenn die Gehölze noch kein Laub tragen und mehr Licht zu den Kräutern dringt.

Der Lebensbereich Kübel ist zwar kein natürlicher Lebensraum, aber ein wichtiger Standort für unseren Kräuteranbau. Denn in mobilen Behältern sind die Pflanzen gut aufgehoben, die keinen Frost vertragen. Zitronengras, Ananas-Salbei, Strauchbasilikum, Zitronenverbene oder Lorbeer überstehen so den Winter im frostfreien Haus.

TREFFPUNKT FÜR FALTER UND BRUMMER

Kräutergärten sind Insektenmagneten. An warmen Sommertagen beobachtet man hier ein lebhaftes Treiben. Hummeln brummen zwischen Borretschblüten, Schmetterlinge umflattern Thymian und Dost, Honigbienen fliegen auf Zitronenmelisse und manchmal landet eine große, blau schillernde Wildbiene auf dem Muskateller-Salbei.

Lavendelblüten sind Nahrungsquelle für Bienen, Hummeln und Falter. Einer der beeindruckendsten Besucher ist der Distelfalter.

In den letzten 30 Jahren hat die Biomasse der Insekten laut einer Studie um 75 Prozent abgenommen. Dass die Zahl der Insekten schwindet, hängt mit der Bebauung und Zerschneidung der Natur, der Intensivierung der Landwirtschaft und dem Einsatz von Dünger und Pestiziden zusammen. Wildkräuter, die Pollen- und Nektar bieten, haben kaum eine Chance. Der Verlust der Insekten hat weitreichende Auswirkungen auf die Ökosysteme und unsere Ernährung. Denn Bienen, Hummeln, Schmetterlinge, Schwebfliegen und Co. bestäuben Obst, Gemüse und Beeren. Außerdem sind Insekten im Biogarten äußerst nützlich. Man denke nur an die fleißigen Blattlausvertilger wie Florfliege, Marienkäfer oder Ohrwurm.

Die Top Ten der Insektenkräuter

Schnittlauch, Borretsch, Ysop, Lavendel, Zitronenmelisse, Oregano, Bohnenkraut, Thymian, Basilikum 'African Blue', Bergminze

BEGEHRTE NEKTARQUELLEN

Es gibt aber auch eine gute Nachricht. Mit einem naturnahen Garten oder einem Kräuterbalkon, sogar mitten in der Stadt, kann man zum Erhalt der Insekten beitragen. Selbst ein kleiner Flecken mit blühendem Lavendel, Borretsch, Thymian, dazu Wildpflanzen wie Glockenblumen oder Natternkopf bietet Faltern und Bienen Nahrung und Lebensraum. Viele Kräuter gehören zu den Lippenblütlern, auf die die Schmetterlinge nur so fliegen. Mit ihrem langen Rüssel sind sie spezialisiert, den Nektar zu saugen. Eine der größten Nektarquellen ist der bei uns heimische Wilde Majoran oder Dost. 60 verschiedene Falterarten wurden auf ihm schon beobachtet. Auch Thymian, Lavendel, Schnittlauch, Bergminze (*Calamintha*) oder das Basilikum 'African Blue' stecken voller Leben. Sogar im Herbst, wenn sonst nur wenig blüht, finden Insekten im Kräutergarten Nahrung. Dann öffnen der Schnitt-Knoblauch und das kriechende Berg-Bohnenkraut ihre Blüten.

Nicht nur an den Blüten spielt sich das Schmetterlingsleben ab, versteckt unter Blättern und an Stängeln richten Schmetterlinge ihre Kinderstube ein. Der seltene Schwalbenschwanz etwa braucht Doldenblütler wie Fenchel oder Dill, um seine Eier abzulegen. Natürlich nur an Stellen, die in den Sommerwochen nicht regelmäßig beerntet und betreten werden. Das Tagpfauenauge legt seine Eier in Brennnesseln. Wo sie nicht stören, sollte man ein paar stehen lassen. Ein weiterer Tipp: Schneiden Sie die verdorrten Stängel von Stauden erst im Frühjahr ab. Dann sind die Insekten geschlüpft.

Der Insektenfreundliche Balkonkasten

Besonders wirkungsvoll sind gemischte Pflanzungen aus heimischen und mediterranen Kräutern. In einen Balkonkasten von 50–60 cm Länge passen zum Beispiel:

- 1 Wilder Majoran (Dost)
- 1 Feld-Thymian
- 1 Echte Bergminze (*Calamintha*)
- 2 Schnittlauch oder Schnitt-Knoblauch
- 1 Heide-Nelke

oder

- 1 Zitronen-Thymian
- 1 Berg-Bohnenkraut
- 1 Currykraut
- 1 Salbei
- 2 Kartäuser-Nelken

WILDBIENEN

Honigbienen sind bekannt. Aber wussten Sie, dass es bei uns 560 Wildbienenarten gibt? 40 Prozent davon sind bedroht. Mauerbiene, Maskenbiene, Sandbiene, Holzbiene, Blattschneiderbiene sind nur einige Vertreter. Wildbienen siedeln sich im Garten an, wenn Lehmwände, Erdlöcher, morsches Holz oder hohle Stängel vorhanden sind. Mit einer Nisthilfe können wir Wildbienen unterstützen. Bekannt sind die Insektenhotels, die man in Gartencentern kaufen kann. Man kann sie auch leicht selber bauen. Bohren Sie in einen Klotz aus unbehandeltem Hartholz wie Esche, Eiche oder Buche etwa 5–10 cm tiefe Löcher und hängen Sie die Nisthilfe an einer Südwand, möglichst unter einem Vordach, auf. Für eine andere Variante nehmen wir etwa 15 cm lange Bambusröhren, Schilfrohr, Sonnenblumenstängel oder Holunderzweige. Die Stängel zusammenbinden und ebenfalls überdacht aufhängen. Wenn das Umfeld stimmt, wird man vielleicht bald die ersten Bewohner beobachten. Sind die Röhren am Eingang mit Lehm verklebt, hat die Wildbiene ihre Eier darin abgelegt.

KLIMAFREUNDLICH GÄRTNERN

KlimaschützerIn werden klingt nach einer großen Aufgabe. Muss es nicht sein. Oft sind es bereits kleine Maßnahmen im Garten, mit denen wir das Klima schonen und Ressourcen einsparen können. In jedem Kräuterbeet, in jeder Balkonbepflanzung stecken Potenziale, um den CO_2-Ausstoß zu verringern und den ökologischen Fußabdruck klein zu halten.

Klimaschutz beginnt bei der Bodenbearbeitung. Je humusreicher ein Gartenboden ist, desto mehr CO_2 speichert er. Den Boden so wenig wie möglich stören, lautet das Motto. Manchmal ist weniger mehr. So ist ein kräftezehrendes Umgraben gar nicht nötig und auch nicht sinnvoll. Denn danach liegt der Boden offen da, wodurch Prozesse in Gang gesetzt werden, die CO_2 freisetzen.

DAS CO_2 BLEIBT IM BODEN

Eine flache Bearbeitung reicht bei einem normalen Gartenboden meist aus. Bringt man organisches Material ein, wie Kompost, Mulch oder Gründüngung, bewirkt man eine Durchwurzelung und Lockerung des Erdreichs. Man „füttert" die Bodenlebewesen. Dort, wo sich Pilze, Bakterien und Mikroorganismen etablieren und vermehren, reichern sie den Boden mit Humus an. Dieser natürliche Kreislauf ist die beste Voraussetzung, um CO_2 im Boden zu halten.

Wer nur einen Balkon zur Verfügung hat, kann eine Menge CO_2-Emissionen einsparen, indem sie oder er torffreie Erde verwendet. In den Hochmooren wurden seit Jahrtausenden große Mengen an Kohlenstoff gebunden. Durch Torfabbau gehen diese wertvollen CO_2-Speicher verloren. Viele der billigen Erdsäcke aus dem Baumarkt haben zudem einen großen ökologischen Fußabdruck, weil sie weit transportiert wurden und in Plastik verpackt sind. Eine Alternative ist, die Erde aus dem kommunalen Kompostwerk zu beziehen

Gartenabfälle wiederverwenden und wertvollen Kompost daraus herstellen – so geht nachhaltiges Gärtnern.

Indem man eigenes Saatgut gewinnt, erhält man alte Sorten und fördert die Biodiversität.

oder in einer Gärtnerei, die lose Erde verkauft. Und ist es wirklich jedes Frühjahr nötig, neues Substrat zu kaufen? Verbrauchte Balkonerde muss nicht weggeworfen, sondern kann mit Kompost und Gartenerde aufgefrischt werden.

GÄRTNERN OHNE PLASTIK

In Baumärkten und Gartencentern erhält man oft sehr preiswerte Gartenartikel. Aber wie nachhaltig sind sie? Billige Töpfe und Saatschalen aus Plastik landen meist nach einer Saison auf dem Müll. Schnüre, Etiketten, Folien aus Kunststoff gehen in der Sonne leicht kaputt, die Reste gelangen als kleine Plastikteile in die Erde. Das muss nicht sein. Es lohnt sich, beim nächsten Einkauf nach umweltfreundlichen Alternativen Ausschau zu halten, die langlebig und biologisch abbaubar sind. Blumentöpfe aus Naturkautschuk oder Recycling-Kunststoff, Pflanzgefäße aus Jutefilz, Anzuchtgefäße aus Maisstärke oder Hanffasern, kompostierbare Schnüre und Abdeckgaze aus Biobaumwolle belasten die Umwelt weniger. Viele Pflanzgefäße kann man aus recycelten Dingen herstellen. Aus alten Zeitungen kann man Papiertöpfe pressen (Seite 20).

NACHHALTIGE PFLANZEN

Wer gerne gärtnert und sich ein bisschen mit Pflanzen auskennt, muss nicht jedes Frühjahr neue Pflanzen kaufen. Es gibt viele Möglichkeiten, Pflanzen selber zu vermehren oder zu tauschen. Mehrjährige Halbsträucher etwa überdauern viele Jahre. Durch Stecklinge können wir sie erneuern. Stauden bleiben vital und jung, wenn man sie teilt. Auch Saatgut muss man nicht immer kaufen. Vermehren Sie die Samen Ihrer Lieblingskräuter einfach selber. Das geht mit vielen Arten sehr gut. Jahr für Jahr erhält man auf diese Weise eigene, an den jeweiligen Standort angepasste Kulturpflanzen. Auf Samen- und Pflanzenmärkten kann man tauschen und trägt damit zum Erhalt der lokalen biologischen Vielfalt bei.

EIN PLATZ FÜR KRÄUTER

Das Gute an Kräutern ist: Sie brauchen wenig Platz. Ein Balkon, eine Terrasse oder eine sonnige Ecke im Hinterhof reichen bereits aus, um erste Versuche mit dem Kräuteranbau zu starten. Pfiffige Ideen für die Selbstversorgung mit Kräutern selbst an ungewohnten Orten findet man bei der Urban-Gardening-Szene.

In der Stadt ist oft nur wenig Platz zum Gärtnern. Um den vorhandenen Raum zu nutzen, ist Improvisation gefragt. Der Fantasie beim experimentierfreudigen Gärtnern sind keine Grenzen gesetzt. Kräuter können in Lebensmittel- oder Bäckerkisten, in alten Olivenöl-Kanistern, Säcken, Waschzubern und selbst gezimmerten Hochbeeten angebaut werden. Und wo der Platz begrenzt ist, gärtnert man vertikal. Zum Beispiel mit aufrecht gestellten Paletten oder mit alten Bücherregalen, die zu Gewürzregalen umfunktioniert werden. Aus einem starken Stoff lässt sich eine textile Wand mit Pflanztaschen herstellen. Hängekörbe oder Ampeln sowie Pflanztische für allerlei Würziges erleichtern das Gärtnern in der Höhe.

KRÄUTER IM URBANEN RAUM

Oft gibt es rund ums Haus ungenutzte Randstreifen oder Ecken, die sich zum Bepflanzen eignen. Etwa entlang eines Mäuerchens oder einer Garagenzufahrt, auf Schotter- und Kiesstreifen, in einem Steintrog oder entlang des Zauns. Allerdings sollte der Ort einigermaßen sonnig sein. Fünf bis sechs Stunden Sonne am Tag wären gut. Auf solchen steinigen Arealen können mediterrane Halbsträucher gedeihen. Versuchen Sie es mit genügsamem Salbei, Bergminze, Lavendel oder Eberraute. Zwischen Natursteinplatten oder in Mauerfugen könnte ein Platz für Sand-Thymian sein.

Auf Balkon und Terrasse mit begrenztem Platz gärtnert man vertikal. Unterschiedliche Pflanzsysteme, ob selbstgezimmert oder gekauft, helfen dabei.

Mediterrane Kräuter harmonieren gut mit blühenden Stauden und Gräsern. Man kann mit ihnen reizvolle, naturnahe Rabatten gestalten.

In einem Hinterhof sind Häuserschatten und Trockenheit oft das Problem. Versuchen Sie es dennoch. Wenn der Boden verdichtet oder zubetoniert ist, ist ein Hochbeet die Lösung. Ein Fahrradunterstand oder Carport bieten ebenfalls Potenziale. Das Dach sollte eine Auflage von etwa 10–15 cm Dachgartensubstrat bekommen, dann wachsen dort Schnittlauch, Oregano, Thymian oder kriechendes Berg-Bohnenkraut und sorgen für eine klimafreundliche, urbane Begrünung.

Kräuter im öffentlichen Raum vor Restaurants oder Cafés gehören inzwischen fast zum Straßenbild dazu. In manchen Wohngebieten prägt das gemeinschaftliche Gärtnern das urbane Lebensgefühl. So eignet sich der Bereich rings um einen Straßenbaum durchaus für ein mediterranes Kräuterbeet. Selbst wenn man die Kräuter zum Verzehr nicht ernten will, so stellt es doch eine blühende Insel dar. Neu gepflanzte Bäume sind hierfür geeignet, da sie kaum Schatten werfen und das Erdreich noch nicht durchwurzelt haben.

KRÄUTER IM GARTEN

Wenn Sie über ausreichend Platz oder einen Garten verfügen, können Sie ein Kräuterbeet nach Ihren Wünschen gestalten. Es ist ratsam, das Beet in der Nähe der Küche anzulegen. Am besten direkt am Weg, damit man die Kräuter auch bei Regen fix ernten kann.

Für die ästhetische Gestaltung eines Kräuterbeetes gibt es viele Ideen. Angefangen von den traditionellen Apothekergärten der Klöster, die streng symmetrisch angelegt waren. Die Einteilung in vier Bereiche mit Wegekreuz und die Beeteinfassung sind charakteristisch. So ein Kräutergarten hat einen besonderen Reiz und ist wie ein Schmuckstück vor einem historischen Gebäude oder Bauernhaus. In naturnahen Gärten ergänzen Kräuter besonders gut Rosen, Blütenstauden oder Gräser. Da Kräuter wie weißgrüner Thymian, buntlaubiger Salbei oder gelbbunter Oregano ausgesprochene Blattschmuckpflanzen sind, kann man damit attraktive Pflanzungen gestalten.

KRÄUTER ANBAUEN

Ob man die Kräuter aus Samen zieht oder fertige Töpfe kauft – wichtig ist eine gute Qualität von Pflanzen, Samen und Erde. Dazu die passenden Werkzeuge, Behälter und Materialien, die nachhaltig und umweltfreundlich sind. Mit ein bisschen Know-How und ein paar Tricks steht dem Kräuterglück auf dem Balkon oder im Garten nichts mehr im Weg.

Kennen Sie das? Man kauft im Gartencenter oder Supermarkt einen üppigen Oregano- oder Salbeitopf, pflanzt ihn zu Hause ein und nach einiger Zeit kümmert er. Schließlich verabschiedet er sich ganz. „Das liegt wohl am fehlenden grünen Daumen", denken manche. Falsch. Diese Kräutertöpfe sollen vor allem eines: sich gut verkaufen. Sie wurden im Gewächshaus mit optimalen Temperaturen, Licht und Dünger verwöhnt und zu üppigem Blattwachstum angetrieben. Für eine begrenzte Zeit am Küchenfenster sind sie okay. Aber für die Widrigkeiten eines normalen Gartenlebens sind sie nicht gerüstet. Mehr Erfolg haben wir mit Kräuterpflanzen aus einer regionalen Bio-Gärtnerei. Diese

Kräuter mögen vielleicht kleiner sein, aber wenn sie in die richtige Erde gepflanzt werden, legen sie bald los. Oft hat man jahrelang Freude mit ihnen.

GEFÄSSE AUS KUNSTSTOFF ODER TON?

Eine gute Qualität ist entscheidend für eine gelungene Selbstversorger-Plantage mit Kräutern. Beim Balkongärtnern fängt das mit den passenden Gefäßen an. Je größer die Gefäße und damit der Wurzelraum für die Pflanze, desto stressfreier der Anbau. Gekaufte Kräuter topfen Sie am besten gleich in größere Töpfe um, sonst trocknen sie gern mal aus. Mindestens 15 cm Durchmesser oder ein entsprechender Kasten sind gut. Kulturen wie Lorbeer, Zitronenverbene oder Meerrettich brauchen einen Kübel ab 15 l Volumen.

Soll es Kunststoff oder Ton sein? Kunststoff ist leicht zu transportieren, aber nicht so langlebig wie Ton. Billige Plastikware enthält oft Weichmacher. Wenn es Kunststoff sein soll, dann sind Gefäße aus Polypropylen (PP) zu empfehlen. Sie sind etwas teurer, aber enthalten keine Schadstoffe. Töpfe aus Ton sind robust und lassen Luft und Feuchtigkeit durch. Terrakotta ist zudem frostfest. Wenn Tongefäße doch einmal kaputtgehen, kann man die Bruchstücke im mediterranen Kräuterbeet oder als Drainage in Pflanzkübeln verwenden. Olivenölkanister, Zinkwannen, alte Kochtöpfe, Kästen, Schubladen und vieles mehr können prima zu Pflanzbehältern umfunktioniert werden. Wichtig ist, dass das Wasser unten abfließt. Dazu bohren Sie Abzugslöcher in den Boden.

Tontöpfe und Gefäße aus Holz sind langlebig und umweltfreundlich. Wer auf dem Balkon auf das Gewicht achten muss, greift zu Kunststoffbehältern.

Wer ein Hochbeet selber zimmern möchte, besorgt sich Abfallholz, Kisten oder Paletten. Man sollte unbehandeltes Holz dafür verwenden. Ist die Kiste gebaut, wird sie innen mit einer umweltfreundlichen Folie ausgekleidet. Dafür empfiehlt sich eine schadstofffreie Teichfolie aus Naturkautschuk. Am Boden sollte sie natürlich Abflusslöcher erhalten.

Ein „Hochbeet“ kann man auch ganz einfach aus Mehrweg-Gemüsekisten aus Kunststoff herstellen, die man aufeinanderstapelt. Um die Feuchtigkeit in der Erde zu halten und damit sie durch den perforierten Boden nicht wegschwemmt, kleidet man die Kiste innen mit Sackleinen, einem Gärtnervlies oder einer starken unbedruckten Pappe aus.

Die richtige Erde, passende Gefäße und ein sonniges Plätzchen: Dann kann beim Kräuteranbau eigentlich nichts schief gehen.

Gekaufte Pflanzen nimmt man am besten gleich aus dem Topf raus und setzt sie in ein größeres Gefäß mit guter Erde.

DIE RICHTIGE ERDE

Die richtige Erde zu finden, bereitet manchen Hobbygärtner*innen Kopfzerbrechen. Im Frühjahr werden in Gartencentern stapelweise Säcke mit billiger Erde angeboten. Die meisten enthalten jedoch Torf. Um zum Klimaschutz und zur Artenvielfalt beizutragen, sollte man torffreie Erde wählen. Sie enthält Ersatzstoffe wie Holzfasern, Kokosfasern, Rindenhumus oder Grünschnittkompost, die das Wasser ebenso gut wie Torf speichern.

Generell gilt: Beim Kauf einer Topferde sollte man nicht sparen. Die Qualität ist entscheidend, wenn Pflanzen gut gedeihen sollen. Ein gutes Substrat sollte sowohl Wasser speichern als auch durchlässig und strukturstabil sein. Oft erlebt man, dass Erde nach ein paarmal Gießen fest zusammenbackt. Kräuterwurzeln aber brauchen Luft. Daher ist das Porenvolumen in der Erde so wichtig. Mindestens ein Viertel der Pflanzerde besteht im Idealfall aus Luft. Mineralische Bestandteile wie Blähton, Lava, Bims, Ziegelsplitt oder Sand sorgen dafür und die Erde bleibt auf Dauer locker und stabil. Mit einem Test können Sie die Qualität der Erde feststellen: Nehmen Sie Erde in die Hand und drücken sie zu einer Kugel. Danach sollte sie wieder in einen lockeren Zustand auseinanderfallen.

Für die meisten der hier beschriebenen Pflanzenarten eignet sich eine torffreie Universalerde, wenn möglich in Bioqualität. Zum Aussäen nimmt man Anzuchterde. Sie ist feinkrümelig und ihr Nährstoffgehalt ist gering (Bezugsadressen finden Sie im Serviceteil ab Seite 136). Reine Gartenerde ist meist nicht zu empfehlen, denn lehm- und tonhaltige Erden werden bei Trockenheit schnell fest und hart. Reiner Kompost ist in der Regel zu nährstoffreich.

Vielleicht möchten Sie Ihre Topferde selbst herstellen? Sie sparen nicht nur Geld, sondern machen im Lauf der Zeit sicherlich Erfahrungen und finden die für Sie passende Erdmischung heraus. Folgendes Basisrezept für die Mischung hat sich bewährt: Ein Drittel Gartenerde (nehmen Sie Maulwurfserde, wenn Sie sie zur Verfügung haben), ein Drittel gekaufte Erde oder Kokosfasern und ein Drittel Sand, Kies, Blähton oder Lavagranulat. Je nach Bedürfnissen der Pflanze verändert sich die Zusammensetzung. Bei höherem Nährstoff- und Humusbedarf fügen Sie mehr Gartenerde oder zusätzlich Kompost hinzu. Bei Schwachzehrern und mediterranen Kräutern mehr Sand, Kies oder Lava.

KRÄUTER AUSSÄEN

Einjährige, schnellwachsende Arten wie Basilikum, Dill oder Rucola, die man in großer Zahl braucht, zieht man aus Samen. Es lohnt sich beim Kauf der Samentütchen genau hinzuschauen. Wo gibt es Biosaat-

Mikroorganismen und EM

Pflanzen wachsen gesund und widerstandfähig in einem lebendigen Boden. Mikroorganismen erfüllen dabei eine wichtige Aufgabe. Sie setzen organische Substanzen um, machen Nährstoffe verfügbar und sorgen für ein gesundes Bodenklima. Im Kompost sind sie reichlich enthalten. Wer einen Kompost hat, kann die Topferde zu etwa 10 Prozent damit „impfen“. Eine Alternative sind Effektive Mikroorganismen (EM), die es im Handel zu kaufen gibt. Es handelt sich dabei um eine Nährlösung, die durch Fermentierung von Zuckerrohrmelasse und Kräutern hergestellt wird. Sie enthält Milchsäurebakterien und Hefen. Es gibt EM in gebrauchsfertigen Flaschen. Man gibt sie ins Gießwasser oder sprüht sie zur Pflanzenstärkung über die Blätter.

gut? Wer bietet alte, vergessene Sorten an? Spezialisierte Kräutergärtnereien mit Online-Versand bieten meist Kataloge zum Bestellen (Adressen im Service ab Seite 136). Es macht Spaß, darin zu blättern und sich von den Beschreibungen faszinieren zu lassen. Und vielleicht entdeckt man darin besondere Sorten, deren Anbau man ausprobieren möchte.

Mit der Kräuteraussaat sollte man nicht zu früh im Jahr beginnen und die empfohlene Keimtemperatur sowie die Frostempfindlichkeit berücksichtigen. Wenn möglich, sät man die Kräuter direkt in den Kasten oder ins Beet. Durch die Direktsaat wurzeln die Kräuter besser ein und sind von Anfang an die Temperaturen und Bedingungen von draußen gewohnt. Im Garten müssen wir das Beet dafür gut vorbereiten, sämtliche Unkrautwurzeln entfernen und die Erde feinkrümelig rechen. Am besten ziehen wir mit dem Rechen Saatrillen, dann sehen wir später besser, wo was gekeimt ist. Ein häufiger Fehler beim Aussäen ist, dass zu dicht gesät wird. Mit Saatbändern lässt sich das vermeiden. Aufgepasst: Viele Kräuterpflanzen sind Lichtkeimer, das heißt, sie werden nur mit einem Hauch

Im Frühjahr drängen sich die Sämlinge auf der Fensterbank. Jetzt brauchen Sie genügend Licht für ein gesundes Wachstum.

Erde oder mit Quarzsand bedeckt. Damit man später noch weiß, wo was wächst, steckt man Etiketten, zum Beispiel beschriftete Holzmundspatel, an die Saatreihe. Die nächsten Tage bzw. Wochen müssen die Saaten feucht gehalten werden.

Paper Pots

Eine geniale Idee für die Pflanzenanzucht sind Paper Pots. Das sind kleine Papiertöpfchen aus altem Zeitungspapier, die man mithilfe eines Paper Potters selbst pressen kann. Von Kräutern, die das Umsetzen nicht mögen, wie Petersilie oder Koriander, gibt man wenige Samen in den mit Aussaaterde gefüllten Papiertopf. Bei großen Samen wie Kapuzinerkresse wird nur ein Korn gesät. Ist der Setzling groß genug, wird er mitsamt dem Papiertopf verpflanzt, das Papier verrottet in der Erde.

Mit dem Paper Potter rollt man aus altem Zeitungspapier kleine Anzuchttöpfe. Diese verrotten dann später nach dem Verpflanzen in der Erde.

VORKULTUR AUF DER FENSTERBANK

Wärmeliebende Kräuter oder ausdauernde Arten mit längerer Entwicklungszeit werden ab März, April drinnen auf der Fensterbank vorgezogen. Für die Pflanzenanzucht brauchen wir einen Platz an einem großen, hellen Fenster oder noch besser unter einem Dachfenster oder in einem Wintergarten. Es sollte möglichst hell sein, denn bei warmen Temperaturen und zu wenig Licht bilden die Sämlinge lange, dünne Triebe, auch „Geilwuchs" genannt. Diese Pflanzen schwächeln und holen das Defizit kaum mehr auf. Mit LED-Pflanzenleuchten kann man nachhelfen.

Sind alle Materialien zur Hand, kann es mit der Anzucht losgehen. Wir brauchen Aussaaterde, Saatschalen wie Tetrapacks, Joghurtbecher oder Quarkbehälter, Pflanzenetiketten und eine Sprühflasche. Bei optimaler Temperatur und genügend Feuchtigkeit keimen die meisten Samen innerhalb von zwei bis drei Wochen. Bald stehen die Sämlinge dicht gedrängt und machen sich gegenseitig Konkurrenz. Jetzt ist Zeit, sie zu vereinzeln. Manche lassen sich sehr gut verpflanzen; das nennt man pikieren. Mit einem Stift oder alten Kugelschreiber nehmen wir die Sämlinge einzeln oder büschelweise heraus, und setzen sie in ein eigenes Gefäß mit Erde. Hier haben sie genügend Platz und Nährstoffe um weiterzuwachsen.

EIN KRÄUTERBEET BEPFLANZEN

Benötigt man nur ein oder zwei Exemplare einer Art oder will man ein Kräuterbeet anlegen, kauft man fertige Kräutertöpfe. Kräuter mit ähnlichen Ansprüchen an Standort und Boden werden zusammengepflanzt.

Ist die Pflanzzeit gekommen, pflanzt man die Kräuter in ein gut vorbereitetes Beet. Der Boden sollte tiefgründig gelockert und unkrautfrei sein.

Für ein Kräuterbeet im Garten lockern wir zunächst den Boden mit der Grabegabel. Er sollte möglichst tiefgründig sein, sodass man die Hand locker hineinstecken kann. Lehmboden muss mit Sand abgemagert werden. Zunächst verteilen wir die Töpfe auf der Fläche und gruppieren sie so, dass sie nach Größe und Wuchsform zueinanderpassen. Der Pflanzabstand beträgt im Durchschnitt etwa 25 cm. Ins Pflanzloch geben wir etwas Kompost. Wenn die Kräutertöpfe trocken sind, tauchen wir sie in einen Eimer Wasser, bis keine Luftbläschen mehr aufsteigen. Die Wurzeln mit einer Schere anschneiden und das Kraut nur so tief pflanzen, wie es im Topf stand. Nach dem Pflanzen kräftig gießen, damit die Feinanteile der Erde an die Wurzeln geschwemmt werden. Anschließend die Wurzeln andrücken. Die Pflanze sitzt gut, wenn sie sich nicht lockert, wenn man leicht an ihr zieht.

Schnecken fernhalten

Gegen Schnecken gibt es viele Ratschläge. Ob sie wirklich helfen, sei dahingestellt. Ich habe gute Erfahrungen mit Schneckenkragen aus Metall gemacht. Ich stülpe sie um die besonders bedrohten Setzlinge, bis sie gut angewachsen sind.

GIESSEN UND DÜNGEN

Während sich Kräuter im Garten mit ihren Wurzeln selbst mit allem Nötigen versorgen, müssen wir sie auf dem Balkon in den begrenzten Gefäßen regelmäßig mit Wasser und Nährstoffen bei Laune halten. Aber bitte mit Maß! Denn Kräuter reagieren empfindlich auf Staunässe. Mit dem Finger können Sie prüfen, ob die Erde noch feucht oder schon trocken ist. Mediterrane Kräuter brauchen sehr wenig Wasser, ja sie dürfen sogar manchmal dürsten. Das stärkt das Wurzelwachstum. Verwenden Sie zum Gießen möglichst abgestandenes Wasser, wenn Sie Regenwasser sammeln können, ist das ideal. Gießen Sie vormittags, dann können die Pflanzen schnell wieder abtrocknen, und entfernen Sie nach etwa 30 Minuten das verbliebene Wasser im Untersetzer. In heißen Sommermonaten verhindert eine Mulchschicht aus Grasschnitt das Austrocknen der Erde. Sie ist auch Futter für das Bodenleben. Mediterrane Kräuter mögen eine Abdeckung mit Muscheln, Splitt oder Kieselsteinen. Dieser mineralische Mulch hat den Vorteil, dass er schnell abtrocknet, sodass die Pflanzen nicht faulen.

Kräuter brauchen auch Nährstoffe. Je nach Bedarf geben wir etwas Schafwollpellets oder Hornspäne beim Pflanzen in die Erde. Die organischen Langzeitdünger geben die Nährstoffe nur langsam ab, so wie die Pflanze sie braucht. Ob im Laufe des Sommers die Nährstoffe aufgebraucht sind, kann man feststellen: Wenn sich die Blätter gelb färben, fehlt der Pflanze Stickstoff. Ein bisschen Flüssigdünger im Gießwasser schafft sofortige Hilfe. Brennnesseljauche ist ein sehr guter Pflanzendünger. Als ultimativer Zaubertrank gilt Komposttee: Eine Handvoll Kompost in eine Gießkanne geben, zwei bis drei Stunden stehen lassen, umrühren und zum Gießen verwenden. Inzwischen gibt es ihn sogar als Teebeutel zu kaufen. Viele mediterrane Kräuter benötigen keinen Dünger. Sie reagieren aber positiv auf die Zugabe von mineralischen Zusatzstoffen wie Gesteinsmehl, Algenkalk oder Kalimagnesium.

Am frühen Morgen oder am Abend gießen ist effektiv. Dann nimmt der Boden das Wasser am besten auf. Zum Wassersparen nutzt man eine Regentonne.

Lavendel wird zweimal geschnitten. Im Frühjahr vor dem Austrieb und im Sommer, wenn die Stängel verblüht sind.

SCHNEIDEN UND VERJÜNGEN

Eine regelmäßige Pflegemaßnahme bei Kräutern ist der Schnitt. Ausdauernde Stauden werden in der Regel im Frühjahr vor dem Austrieb geschnitten und ein zweites Mal nach der Blüte. Dies ist besonders bei mediterranen Halbsträuchern wichtig, da sie sonst von unten her kahl werden. Jeder Schnitt regt das Wachstum und die Vitalität der Pflanze an. Bei einem Befall mit Mehltau oder Schädlingen, ist er immer die erste Maßnahme, um eine Regeneration der Pflanze zu fördern. Oft erledigt sich damit das Problem von selbst.

Wenn sich die Kräuter im Topf nicht mehr weiterentwickeln, ist es ratsam sie in ein größeres Gefäß umzusetzen. Vor dem Umpflanzen sollte man den Wurzelballen einschneiden und auflockern, um den Neuaustrieb zu fördern. Bei bestimmten Kräutern wie Minze, Oregano oder Schnittlauch lässt sich der Wurzelballen sehr gut teilen und sie reagieren auf die Verjüngung mit kräftigem Wuchs. Auch im Gartenbeet ist diese Aktion sinnvoll, denn ein Kräuterbeet entwickelt sich ständig. Altes kommt raus oder wird verpflanzt, Neues kommt dazu. Der Boden wird dabei gelockert und mit Kompost aufgebessert.

DIE KRÄUTER-SPIRALE

Ein besonderes Beet für Teekräuter, Küchenkräuter und Duftpflanzen ist die Kräuterspirale. Sie bietet auf begrenztem Raum Standorte für unterschiedliche Pflanzenarten, von der steinigen Trockenzone bis zum Wasserbereich. Das spiralförmige Hochbeet aus Natursteinen entstammt der Idee der Permakultur und stellt ein ausgeklügeltes Ökosystem dar.

Der Thymian wächst in einer Mauerfuge. Wichtig ist, dass die Wurzeln Kontakt mit dem dahinter liegenden Erdreich haben.

Die Kräuterspirale besteht aus einer Trockenmauer, die sich spiralförmig nach oben windet und unterschiedliche Standorte mit jeweils anderer Bodenbeschaffenheit vereint. Auf dem Gipfel befindet sich die Trockenzone. Dann folgen von oben nach unten die Zone mit magerem Gartenboden, die nährstoffreiche Humuszone und schließlich der Wasserbereich. So finden auf kleinem Raum Kräuter mit höchst unterschiedlichen Ansprüchen einen Platz. Der geistige Vater dieser speziellen Anbauform ist der Australier Bill Mollison. Mit der Kräuterspirale setzte er die Idee der Permakultur praktisch um.

Die Kräuterspirale ist ein komplexes Ökosystem. Es besteht aus Elementen mit vielfältigen Funktionen, die sich ergänzen und wechselseitig beeinflussen. Die Trockenmauer funktioniert als Wärmespeicher. Lange nach Sonnenuntergang geben die Steine die Wärme an die Umgebung ab. So herrscht ein warmes Kleinklima, in dem mediterrane Kräuter bestens gedeihen. Da das Innere der Spirale aus Schotter und Kies besteht, fließt das Regenwasser schnell ab und sammelt sich in einem Wasserbecken oder Teich. Die Wasseroberfläche reflektiert die Sonnenstrahlen. Dadurch wird die Sonnenkraft potenziert. Das Wasser wirkt außerdem temperaturausgleichend. Zudem profitieren die Pflanzen aus der angrenzenden Humuszone von der Feuchtigkeit. Darüber hinaus bietet die Kräuterspirale vielen Tierarten einen Lebensraum. Die blühenden Kräuter sind Nahrung für Insekten. In den Fugen finden Eidechsen und Erdkröten Unterschlupf. Das Wasser lockt Libellen an.

Die Kräuterspirale ermöglicht es, selbst auf kleinem Raum viele verschiedene Kräuter mit unterschiedlichen Standortansprüchen unterzubringen.

EINE KRÄUTERSPIRALE BAUEN

Je nach Platz beträgt der Durchmesser der Spirale 1,50–2 m, die Höhe 60–80 cm. Zunächst wird die Grundform markiert, das Fundament etwa 20 cm tief ausgehoben und mit Schotter befüllt. Darauf errichtet man aus Natursteinen die Spirale in der Trockenmauer-Technik, das heißt ohne Mörtel. Den Korpus der Spirale füllt man mit Schotter, Sand, Splitt oder Kies. In die verschiedenen Pflanzzonen füllt man das jeweils passende Substrat. In die Trockenzone kommt Kalksplitt, Sand oder Kies mit etwas Gartenerde, weiter unten besteht die Füllung aus abgemagertem Gartenboden. Für die Humuszone vermischen Sie Erde mit Kompost. Am unteren Ende der Spirale liegt ein Wasserbecken oder ein kleiner Folienteich.

15 bis 20 Kräuter haben auf so einer Spirale Platz. Ganz oben gedeihen Thymian, Berg-Bohnenkraut, Griechischer Oregano, Salbei oder Bergminze. Schon beim Aufsetzen der Mauer werden Sand-Thymian oder Hopfen-Oregano in die Fugen gepflanzt. In den Bereich mit magerem Gartenboden kommen unter anderem Lavendel, Zitronenmelisse, Rosmarin, Eberraute und Ysop und die Humuszone ist der Platz für Schnittlauch, Basilikum, Estragon, Petersilie, Zitronenverbene und weitere. In der Sumpfzone wachsen Schnitt-Sellerie oder Minze und im Wasser Brunnenkresse.

Permakultur

Permakultur setzt sich aus den englischen Wörter „permanent" und „agriculture" zusammen. Sie bezeichnet eine Landwirtschaft, die nicht auf Monokultur sondern auf Vielfalt setzt, nicht auf die Ausbeutung der Natur, sondern auf Nachhaltigkeit. Im Vordergrund stehen natürliche Kreisläufe und Ökosysteme, die sich selbst regulieren. Wir nutzen sie und sind zugleich Teil davon.

ERNTEN UND GENIESSEN

Vom gesunden Snack über den Erkältungstee bis zum duftenden Badeöl – es gibt viele Möglichkeiten, Kräuter zu verarbeiten und ihre Aromen zu konservieren. Wer einmal vom Kräutervirus infiziert ist, wird bald begeistert sein vom Schnippeln, Mixen, Mörsern, Rühren und Köcheln.

In Supermärkten werden Kräuter, Tees und Gewürze aus aller Welt angeboten. Die Auswahl ist groß. Meistens werden sie in industriellen Verfahren hergestellt und haben lange Transportwege hinter sich. Es ist keine Seltenheit, dass manche Chargen mit Pestiziden belastet, verunreinigt oder gepanscht sind. Kräuter aus eigenem Anbau dagegen gehen durch wenige Hände und haben einen kurzen Weg hinter sich. Sie sind meist schadstoffarm und außerdem so frisch, wie es bei der Massenware kaum möglich ist.

Was den gesundheitlichen Wert betrifft, verwundert es nicht, dass selbst gemachte Erkältungs- oder Magentees, Tinkturen oder Salben oft wirkungsvoller sind als gekaufte. Vielleicht entspricht der Inhaltsstoff nicht unbedingt den Standards der Apothekerware. Aber Kräuter wirken nicht allein durch die Inhaltsstoffe. Sie wirken auch, weil man sich selbst etwas Gutes tut.

ERNTE ZUR RECHTEN ZEIT

Im Sommer stehen die Kräuter voll im Saft und enthalten die meisten Inhaltsstoffe. Um möglichst viele Aromen und Biostoffe zu erhalten, ist es wichtig, sie zum rechten Zeitpunkt zu ernten. Blattkräuter wie beispielweise Minze, Basilikum und Kerbel speichern die Aromen in ihren Blättern. Im Zeitraum zwischen ihrem Austrieb und ihrem Blühbeginn, also von Frühling bis Frühsommer ist die beste Erntezeit. Die Blätter sind jetzt zart und schmecken mildwürzig. Zur Blüte wandelt sich meist der Geschmack. Er wird bitter und herb und

Um die Aromen zu erhalten, verarbeitet man Kräuter möglichst rasch nach dem Ernten. Mit einem Steinmörser kann man Blätter und Samenkörner zerstoßen.

Erntet man Basilikum immer von der Triebspitze her und schneidet die Stängel knapp über der Blattverzweigung ab, kann man den ganzen Sommer ernten.

manchmal werden die Blätter hart. Jetzt wandert die Kraft der Pflanzen in die Blüten und Samen. Für Kräuter wie Oregano, Thymian, Gewürz-Fenchel oder Lavendel ist der Blühbeginn der richtige Erntezeitpunkt. Wurzel-Petersilie oder Meerrettich dagegen werden im Herbst geerntet, wenn der Saftstrom der Pflanze zurück in die Wurzeln fließt und dort die meiste Power gespeichert ist.

Wenn es um die Optimierung von Wirkstoffen geht, also um eine medizinische Verwendung, sollte man den Erntezeitpunkt genau beachten. In den späten Vormittagsstunden, nachdem die Feuchtigkeit abgetrocknet ist und bevor die Sonne die ätherischen Öle verdunsten lässt, ist die Konzentration der Wirkstoffe am höchsten.

Zum Ernten zupfen Sie nicht einzelne Blättchen ab, sondern schneiden Sie ganze Triebspitzen. Die Kräuter bilden dann mehr Seitentriebe und wachsen buschig. Mit dem Schnitt können wir auch den Blütezeitpunkt hinauszögern und dadurch mehr ernten.

NICHTS VERDUFTEN LASSEN

Frische Kräuter haben das Potenzial zum Superfood. Je weniger Zeit zwischen Ernte und Verzehr liegt, desto besser. Die Stängel, die man eben geschnitten hat, sollten in der Küche nicht lange herumliegen. Denn die ätherischen Öle reagieren mit Sauerstoff, verduften leicht und die Vitamine zerfallen.

Zeit für einen Kräutertee

Herbstzeit – Erkältungszeit. Der Hals kratzt, der Kopf brummt und die Nase läuft. Das ist der Moment für einen Kräutertee. Vorausgesetzt, man hat im Sommer verschiedene Kräuter getrocknet. Die passende Mischung aus Blättern und Blüten ist schnell zusammengestellt. Wenn beim Überbrühen die ätherischen Öle verdampfen, wird bereits der Kreislauf angeregt. Und bei den ersten Schlucken spürt man, wie die körpereigenen Abwehrkräfte aktiv werden. So ein Tee weckt die Lebensgeister.

Ernten und verarbeiten Sie Ihre Pflanzenschätze daher möglichst schonend, damit die wertvollen Biostoffe erhalten bleiben. Ob man Kräuter waschen soll oder nicht ist eine individuelle Entscheidung. Wenn möglich verwendet man sie ungewaschen. Wenn die Luft jedoch mit möglichen Schadstoffen belastet ist, was in der Stadt häufig der Fall ist, sollte man sie schonend waschen. Man taucht sie in eine Schüssel mit Wasser, schüttelt sie trocken und breitet sie auf einem Geschirrtuch aus. Die wichtigsten Utensilien sind ein Schneidebrett und ein gutes Messer. Am besten ist ein hochwertiges Küchenmesser mit breiter Klinge und einer Länge, die Ihnen entspricht. Es sollte gut in der Hand liegen. Damit lassen sich die Kräuter grob oder sehr fein schneiden. Wer möchte, kann auch ein Wiegemesser benutzen. Zum Zerstoßen der Blätter oder Samen benötigt man einen Steinmörser. Etwas grobes Meersalz dazu und ein Schuss Olivenöl und fertig ist eine einfache Würzpaste. Wenn Sie häufig Smoothies trinken, lohnt sich ein Mixer oder Zauberstab.

Was wir im Sommer nicht verbrauchen, können wir haltbar machen. Eine einfache Methode ist das Trocknen. Dazu breitet man die Kräuter auf Küchenkrepp aus oder bindet sie zu Sträußen und hängt sie kopfüber an einem schattigen, luftigen Ort auf. Zum Kräutertrocknen im großen Stil lohnt sich die Anschaffung von Holzrahmen, die mit einem Gitter bespannt sind, oder eines Dörrapparates. Hier werden die Blüten und Blätter von Luft durchströmt. Die meisten Kräuter sind nach etwa drei bis fünf Tagen trocken. Wenn man sie mit den Fingern berührt, rascheln sie. Füllen Sie die Trockenware unzerkleinert in Schraubgläser. Gut verschlossen und dunkel aufbewahrt, sind sie ein Jahr haltbar. Die Trockenkräuter sind die Basis für Tees, Würzmischungen, Kräutersalz und vieles mehr.
Kräuter sind einige Zeit haltbar, wenn sie in Öl, Essig oder Alkohol eingelegt werden. Stellt man die Flaschen an einen warmen Ort, nicht in die pralle Sonne, gehen die Inhaltsstoffe und Aromen in die Flüssigkeit über. Sie können damit würzige Kräuteröle, -essige oder -liköre herstellen sowie

Zum Trocknen werden die Kräuter luftig aufgehängt. Nach wenigen Tagen sind sie trocken und können in Schraubgläser gefüllt und aufbewahrt werden.

Wenn die Aromen im Sommer am intensivsten sind, lohnt es sich, Kräuteröle aufzusetzen. Der Auszug sollte ein paar Wochen ziehen.

Kräuteröl

Sie brauchen verschließbare Gläser oder Flaschen, die Sie zuvor mit kochendem Wasser reinigen. Dazu natives Bio-Olivenöl. Verwenden Sie nur frisch geerntete, saubere Kräuter und achten Sie beim Verarbeiten auf Hygiene. Die Kräuter sollten nicht nass sein. Sie können die Kräuter klein schneiden oder ganze Stängel einlegen. Füllen Sie mit Olivenöl auf. Die Kräuter müssen mit Öl bedeckt sein, damit sie nicht schimmeln. Stellen Sie den Ansatz sechs Wochen lang an einen warmen Ort und lassen ihn ziehen. Ab und zu schütteln. Durch ein grobmaschiges Tuch abseihen und in dunkle Fläschchen füllen.

Bade- und Körperöle, Tinkturen oder aromatische Weine.

Wirkungsvolle Konservierer sind von alters her auch Salz und Zucker. Melissenblätter, Lavendel- oder Rosenblüten lassen sich wunderbar in Zucker einlegen. Ein Kräutersalz oder eine Kräutersole herstellen ist einfach (Rezepte finden sich bei den Kräuterporträts ab Seite 36).

Auch Einfrieren ist eine gute Methode, um die Kräuter auch im Winter für die Küche parat zu haben. Vitamine und Mineralstoffe bleiben dabei weitgehend erhalten. Zum Frosten sollten die Blätter und Triebe ganz trocken sein. Schneiden Sie die Kräuter klein und füllen Sie sie in Vorratsgefäße, aus denen man sie später portionsweise entnehmen kann. Natürlich kann man Kräuter und Blüten auch in Eiswürfeln einfrieren.

RUND UMS JAHR: SELBSTVERSORGUNG MIT KRÄUTERN

Die Haupterntezeit für Kräuter ist ohne Zweifel der Sommer. Sonnenlicht im Überfluss treibt die Pflanzen an und packt sie voll mit Aromen und Wirkstoffen. Im Winterhalbjahr muss die Ernte aber nicht zu Ende sein. Erstaunlich, wie manche Kräuter dem Frost trotzen. Mit einer geschickten Anbauplanung klappt die Selbstversorgung mit frischem Grün auch ganzjährig.

IM GARTEN

Die erste Frostnacht im Herbst ist eine Zäsur. Basilikum, Kapuzinerkresse und andere wärmeliebende Pflanzen erfrieren von einem Tag auf den anderen. Der Garten sieht trist aus. Aber nur auf den ersten Blick. Schnitt-Sellerie, Petersilie, Fenchel, Rucola, Wilde Rauke, Schnitt-Knoblauch oder Minze behalten noch eine Zeit lang ihre grünen Blätter. Wenn man sie mit Folie oder Gartenvlies abdeckt, kann man sie bis in den Winter hinein ernten. Außerdem stehen die immergrünen Kräuter wie Rosmarin, Thymian, Bohnenkraut, Salbei oder Ysop ganzjährig im Saft. Sie schenken uns auch in der kalten Jahreszeit mediterrane Würze.

Selbst im Winter kann man draußen Kräuter ernten und in der Küche verwenden. Schnee und Eis machen Winterkräutern und Asia-Salaten nicht zu schaffen.

Für die Indoor-Ernte nutzt man LED-Pflanzenlampen. Sie decken das Tageslichtspektrum ab und ermöglichen ein normales Wachstum.

AUF DEM BALKON

Ein guter Platz für Winterkräuter ist der Balkon, denn in den Städten herrschen wärmere Temperaturen als auf dem Land. Man spricht von der „urbanen Wärmeglocke". Durch die Klimaerwärmung sind die Winter zwar milder geworden, aber strenge Fröste gibt es nach wie vor. Auf einem überdachten Balkon strahlt die Hauswand Wärme ab und die Pflanzen sind vor Regen geschützt. Das ist vorteilhaft, denn Winternässe schadet den Kräutern mehr als Minusgrade. So kann man ganzjährig von einem Topf Petersilie, Rucola oder Thymian profitieren. Bei Frost deckt man ihn ab oder holt ihn ins Haus.

Manche Kräuter sind sehr frostresistent, zum Beispiel Postelein, Barbarakresse oder wilde Rauke. Auch Asia-Salate überstehen Temperaturen bis minus 10 °C und darunter. Ich zähle sie zu den Kräutern, da man fortlaufend einzelne Blätter ernten und wie wie Salatkräuter verwenden kann (mehr dazu auf Seite 90). Bereits im September sollte man säen und pflanzen, wenn man zur Weihnachtszeit ernten möchte. Spätere Aussaaten entwickeln sich eher langsam, denn wenn das Tageslicht abnimmt, geht auch das Wachstum zurück. Ab Februar, März geht es wieder richtig los.

INDOOR-ERNTE

Indoor-Gärtnern wird immer beliebter. Berücksichtigt man die speziellen Verhältnisse, kann man Kräuter durchaus innerhalb der Wohnung ziehen. Voraussetzung ist aber ein heller Standort. Für ihre Fotosynthese brauchen Pflanzen Licht, besser: Tageslicht. Man sollte daher den Home-Garten mit einer entsprechenden Lampe ausstatten. Stromsparende LED-Pflanzenlampen mit Tageslichtspektrum sind hierfür zu empfehlen. Für den Indoor-Anbau eignen sich Rucola, Kresse, Senf, Koriander, Dill, Basilikum, Sauerampfer und viele mehr.

SUPERFOOD WILDKRÄUTER

Heimische Wildkräuter wie Löwenzahn, Behaartes Schaumkraut oder Vogelmiere wachsen auch im Winter und ergänzen unseren Speiseplan. Man bezeichnet sie gerne als Superfood, denn sie strotzen nur so vor Vitalstoffen. Sobald es wärmer wird, treiben auch Bärlauch, Brennnessel und Giersch.

Schnittlauch antreiben

Nach den ersten Frostnächten graben wir einige Schnittlauch-Ballen im Garten aus, pflanzen sie in Töpfe mit frischer Erde und platzieren sie auf der Fensterbank. Der Kältereiz und die anschließende Wärme geben den Kräutern das Startsignal zum Austrieb. Das funktioniert auch mit Schnitt-Knoblauch und Winterhecken-Zwiebeln.

Sprossen und Microgreens

Selbst wenn es draußen kalt ist, sprießen drinnen auf der Fensterbank verschiedene Sprossen, Kressen und Microgreens. Mit nichts anderem können wir so schnell frische, vitaminreiche Zutaten für die Küche produzieren. Entdecken Sie den Geschmack und die Vielfalt der kleinen Powerpakete!

SPROSSEN UND KEIMLINGE

von Alfalfa, Mungobohnen, Buchweizen, Bockshornklee, Linsen oder Kichererbsen sind beliebt, um Salate, Bowls oder Wok-Gerichte aufzupeppen. Und nicht nur das. Sie bringen eine gute Portion Gesundheit mit, das heißt, viel Vitamin C, B1, B2, Carotin, Vitamin E und Mineralien. Brokkoli, Rucola oder Radieschensprossen enthalten zudem Senföle, die unser Immunsystem stärken.

MAN BENÖTIGT EIN KEIMGLAS

mit einem Sieb als Deckel. Oder man spannt ein Stück Gaze über ein Glas. Wichtig ist, stets sauber zu arbeiten. Reinigen Sie das Glas zuvor mit heißem Wasser. Füllen Sie 1–2 EL Keimsamen ein. Etwa drei Stunden in Wasser einweichen lassen. Danach das Wasser abgießen und das Glas über Kopf schräg stellen. Zweimal täglich durchspülen. Nach drei bis fünf Tagen sind die Sprossen fertig.

ROTKOHL UND BROKKOLI

im Zimmer ernten? Ja, das geht – in Form von Microgreens oder Grünkräutern. Microgreens sind Sprossen, die weiterwachsen, Blätter treiben und durch Fotosynthese Chlorophyll bilden. Das Minigemüse eröffnet nicht nur neue Geschmacksvarianten, es ist auch äußerst gesund. Rotkohl-Microgreens etwa enthalten 260-mal so viel Betacarotin, sechsmal so viel Vitamin C und 40-mal so viel Vitamin E wie der fertige Kohl.

BESONDERS NACHHALTIG

finde ich Erbsen-Microgreens. Einfach getrocknete Erbsen aus dem Bioladen einweichen und aussäen. Wenn die Microgreens 10 cm hoch gewachsen sind, schneide ich sie ab. Danach treiben sie neu aus. Probieren Sie mal Sonnenblumen, Rote Bete, Mangold, Roten Amarant, Senf, Schnitt-Knoblauch oder Rucola. Im Handel erhält man speziellen Keimsamen.

FÜR MICROGREENS

benötigt man Aussaatschalen oder tiefe Teller, Anzuchterde, Kokosmatten oder Kokossubstrat. Die Samen aussäen und feucht halten. Nach vier bis zwölf Tagen sind sie erntereif und werden knapp über der Erde abgeschnitten. Besonders praktisch sind fertige Sets aus Kokosschalen, Keimsamen und Substrat, die man im Internet erhält (Bezugsadresse auf Seite 139).

DIE BESTEN KRÄUTER

BASILIKUM

Ocimum basilicum

Mit der Hand über eine Basilikumpflanze streichen und tief einatmen – das ist Sommer. Erinnerungen an Urlaube im Süden werden wach, an mediterrane Vorspeisenteller, italienische Pizza, Pasta und Tomatensauce. Dieser einzigartige, warme Duft von Basilikum – ihn verdanken wir den zahlreichen ätherischen Ölen, die darin stecken, unter anderem dem blumig duftenden Linalool, ein Aromastoff, der nachweislich die Stimmung aufhellt.

KURZ & KNACKIG

Wuchshöhe: 30–50 cm
Lebensform: einjährig
Frosthärte: nicht frosthart
Standort: Sonne bis Halbschatten
Wasserbedarf: gleichmäßig gießen
Aussaat und Pflanzung:

J	F	M	A	M	J	J	A	S	O	N	D
				■	■	■					

SO GELINGT DER ANBAU

STANDORT UND BODEN

Basilikum mag einen sonnigen, warmen Standort, aber nicht in der prallen Sonne. Ein Platz im Halbschatten reicht aus, damit es seine Aromen entwickelt. Voraussetzung ist eine gute, nährstoffreiche, humose Erde. Ein guter Standort für Basilikum sind Töpfe und Balkonkästen. Denn anders als im Garten wächst Basilikum hier völlig schneckensicher auf.

IM GARTEN

Es ist einfach, Basilikum aus Samen zu ziehen. Beginnen Sie mit der Anzucht aber nicht zu früh im Jahr. Sät man es schon im März aus, reicht das Tageslicht nicht aus, sodass die zarten Sämlinge kümmern. Warten Sie mit dem Basilikumanbau bis Mai. Wenn es keine Nachtfröste mehr gibt, darf direkt draußen gepflanzt und gesät werden. Pflanzt man Basilikum ins Beet als Partner zu Tomaten, ist ein Schneckenschutz zu empfehlen.

AUF BALKON UND FENSTERBRETT

Für die Aussaat verwendet man Kästen oder Töpfe mit Kräuter- und Anzuchterde. Ein paar Schafwollpellets unten im Topf versorgen das Kraut langfristig mit Nährstoffen. Basilikum ist ein Lichtkeimer. Die Samen haben eine Quellschicht, die nicht austrocknen darf. Am besten gar nicht bedecken oder lediglich eine Folie oder Haube darüberlegen. Basilikum sollte nicht zu dicht stehen. Die aufgegangenen Sämlinge sollte man vereinzeln oder in Zweiergruppen versetzen (siehe Tipp).

PFLEGE UND ÜBERWINTERUNG

Wenn die Temperaturen über 20 °C klettern, legt das Basilikumkraut so richtig los. Jetzt kann man beim Wachsen fast zusehen. Gießen Sie jetzt regelmäßig mit lauwarmem Wasser, aber nur mäßig. Es sollte keine Staunässe geben. Manchmal schimmeln Basilikumblätter und werden schwarz. Dann

Besonderer Tipp

Ein Basilikumtopf aus dem Handel enthält oft 30 bis 50 kleine Pflänzchen. Sie stehen viel zu dicht in dem Topf und behindern sich in ihrer weiteren Entwicklung. Füllen Sie ein bis zwei Kästen mit frischer Erde. Feuchten Sie den Topf an, teilen Sie vorsichtig den Wurzelballen und verpflanzen Sie die Sämlinge einzeln oder zu zweit im Abstand von 5–10 cm in die Kästen. Aus einem gekauften Basilikumtopf entstehen mit dieser Methode ein bis zwei wunderbare Balkonkästen.

'African Blue' ist eine der schönsten Basilikumarten. Im Laufe des Sommers wächst er zu einem prächtigen Strauch mit unzähligen rosa-violetten Blüten heran.

wurde zu viel gegossen. Im Laufe des Sommers, wenn die Nährstoffe in der Balkonerde aufgebraucht sind, gibt man etwas Flüssigdünger ins Gießwasser. Sind die Blätter sattgrün, hat man alles richtig gemacht. Wenn die Tage dunkler und kälter werden, geht das Wachstum zurück und die Blätter werden braun. Ausdauernde Arten können überwintert werden. Man sollte den Topf im Haus hell und nicht zu warm stellen.

Anderer Name, gleiche Pflanze

Die ältere botanische Bezeichnung für das Heilige Basilikum lautet *Ocimum sanctum* – da wird das Heilige doch gleich offensichtlich.

AUS DER GLEICHEN FAMILIE

Man unterscheidet zwischen mediterranen und asiatischen Arten. Die mediterranen duften leicht süßlich, nach Zimt, Gewürznelken, Pfeffer und einem Tick Zitronenschale. Die asiatischen duften nach Anis, Zimt und Lakritze.

MEDITERRANE ARTEN

Das bekannteste und beliebteste ist das Genoveser Basilikum, mit den grünen, blasigen Blättern. Ähnlich schmecken das Purpur-Basilikum oder das Salatblättrige Basilikum. Weitere Sorten mit feinem Aroma sind Zitronen-Basilikum und Zimt-Basilikum. In einem Tontopf sieht das kleinblättrige Buschbasilikum (*Ocimum basilicum* var. *minimum*) besonders hübsch aus. Es wird auch Bubikopf-Basilikum genannt, es bleibt klein, wächst kugelförmig und kompakt.

ASIATISCHE ARTEN

Immer beliebter werden die thailändischen Basilikum-Varianten. Es gibt verschiedene Arten und Sorten davon. Am bekanntesten ist das Thai-Basilikum Horapha (*Ocimum basilicum* var. *thyrsiflorum*). Für Currys und asiatische Gerichte mit Kokosmilch ist Horapha das Kraut mit dem besten Aroma. Eine besondere Art ist das Heilige Basilikum oder Tulsi (*O. tenuiflorum*). Es kommt aus Indien, wo es seit jeher im Tempelgarten angebaut wird. Es duftet intensiv nach Anis, Minze, Gewürznelke und Kampfer, fast ein bisschen wie Weihrauch.

Heiliges Basilikum stammt aus Indien und ist ein traditionelles ayurvedisches Heilkraut, das bei uns als Tee bekannt ist. Es wirkt entspannend und hilft bei Stress.

MEHRJÄHRIGE ARTEN

Die mehrjährigen Arten, wie Griechisches, Zyprisches oder Kubanisches Strauchbasilikum, haben unzählige Blüten. Sie wachsen strauchartig. So etwa das Basilikum 'African Blue'. Es zählt zu den attraktivsten Kräutern überhaupt. Die violett geaderten Blätter duften intensiv nach Kampfer, Anis und Gewürznelken. Die rosafarbenen Blüten erscheinen den ganzen Sommer bis zum Herbst. Man kann sie gut trocknen, sie behalten ihr Aroma. Eine Neuentdeckung ist Paprika-Basilikum 'Green Pepper' (*Ocimum selloi*). Es stammt aus Mittelamerika, wächst wie ein kleiner Baum und ist sehr robust. Wir können alle Strauchbasilikum-Arten überwintern, wenn wir sie frostfrei stellen.

RAN AN DAS KRAUT

Zum Ernten schneidet man immer die oberen Triebspitzen ab, am besten über einer Verzweigung. Dadurch bildet die Pflanze Seitentriebe und wächst buschig nach. Verwenden Sie Basilikumblätter am besten roh oder geben Sie sie erst ganz am Ende der Garzeit dazu. Die Verwendung in einer mediterranen Sommerküche, vor allem zusammen mit Tomaten, ist schier unbegrenzt. Basilikum aromatisiert Pizza und Pastagerichte, Tomatensauce, Salate, Schafskäse oder die berühmte Caprese mit Tomaten und Mozarella. Zusammen mit Knoblauch, Pinienkernen und Olivenöl entfaltet Basilikum seine volle Kraft, etwa als Pesto. Zitronen-Basilikum passt wunderbar zu Fisch. Thai-Basilikum harmoniert zusammen mit Zitronengras in asiatischen Gerichten. Die pfeffrige Note von Basilikum passt auch sehr gut zu Eis und ergänzt Erdbeeren oder Zitrone. Für ein Erdbeersorbet mischt man Zuckersirup, Zitronensaft, frische Erdbeeren und Basilikumblätter und püriert alles sehr fein. Die Masse in einer Eismaschine gefrieren lassen. Zum Schluss ein paar klein gehackte Basilikumblätter darüberstreuen.

Basilikum-Arten mit großen, weichen Blättern kann man nicht trocknen. Um Genoveser-Basilikum eine Zeit lang zu konservieren, lege ich es in kleine Gläser mit Olivenöl ein und bewahre sie gut verschlossen im Kühlschrank auf.

Basilikumtee

Aus Tulsi und 'African Blue' kann man einen wunderbar wärmenden und entspannenden Tee zubereiten. Eine Handvoll frische Blätter (oder etwa 3 EL getrocknete) mit 1 l Wasser überbrühen. Zehn Minuten ziehen lassen. 'African Blue' färbt den Tee blau. Basilikumtee hilft bei Stress und fördert die Konzentration. Da die Blätter und Blüten der Strauchbasilikum-Arten ihr Aroma beim Trocknen behalten, lohnt es sich, einen Vorrat anzulegen.

BERG-BOHNENKRAUT

Satureja montana

Pfeffrig und ein bisschen nach Oregano schmeckt das Bohnenkraut. Wie sein Name verrät, würzt es vor allem Bohnen, grüne wie dicke. Zur Bohnenkraut-Gattung gehören mehrjährige Arten wie das Berg-Bohnenkraut, aber auch das einjährige, das seit jeher in Bauerngärten zu Bohnen ausgesät wird. Alle Bohnenkräuter haben eines gemeinsam: Es sind robuste Lippenblütler und Top-Adressen für Bienen und Hummeln.

Kurz & knackig

Wuchshöhe: 30–40 cm
Lebensform: mehrjährig
Frosthärte: frosthart
Standort: Sonne
Wasserbedarf: mäßig gießen
Aussaat und Pflanzung:

J	F	M	A	M	J	J	A	S	O	N	D
			■	■					■		

So gelingt der Anbau

Standort und Boden

Wie alle mediterranen Halbsträucher mag Berg-Bohnenkraut einen Platz in der Sonne und einen steinigen, kalkigen Boden. Ein passender Standort ist zum Beispiel oben auf der Kräuterspirale oder auf einer Mauerkrone.

Im Garten

Setzen Sie eine Jungpflanze im April oder Mai. Den Boden zuvor tief lockern und wenn vorhanden mit Kalksplitt abmagern. Berg-Bohnenkraut wächst straff, ist absolut schnittverträglich und eignet sich für eine Kräutereinfassung. Für eine Kräuterhecke pflanzt man etwa vier bis fünf Pflanzen pro laufendem Meter.

Auf Balkon und Fensterbrett

Ein Terrakottakübel ist für eine Kultur von Berg-Bohnenkraut auf der Terrasse oder dem Balkon geeignet. Die Bedingungen sind ähnlich wie für Lavendel oder Thymian. Füllen

Sie in den Topf Dachgartensubstrat oder Kräutererde, die Sie zuvor mit Blähton, Kalksplitt oder Sand abmagern.

PFLEGE UND ÜBERWINTERUNG

Bis auf den Rückschnitt braucht Berg-Bohnenkraut so gut wie keine Pflege. Schneiden Sie den Halbstrauch, wenn er verblüht ist, auf ein Drittel zurück. Alternativ kann man ihn auch im Frühjahr vor dem Austrieb stutzen. Bohnenkraut ist frosthart. Auf dem Balkon sollte man es im Winter aber trocken halten. Durch den regelmäßigen Schnitt hält sich Bohnenkraut jahrelang vital. Zur Verjüngung kann man es durch Stecklinge vermehren.

AUS DER GLEICHEN FAMILIE

Eine interessante Variante des Berg-Bohnenkrauts ist das Zitronen-Berg-Bohnenkraut (*Satureja montana* var. *citriodora*), ein winterharter Halbstrauch. Seine Blätter haben ein frisches, intensives Zitronenaroma. Das Kriechende Berg-Bohnenkraut (*S. spicigera*) wächst gut auf einer Steinmauer oder Kräuterspirale. Es wird nur 10–15 cm hoch. Wenn es eingewachsen ist, bildet es einen schönen, überhängenden Duftrasen. Es blüht erst im Herbst. Diese späte Blüte ist ein Geschenk für Bienen und Hummeln, die zu der Jahreszeit nur wenig Nahrung finden. Aus den Bauerngärten kennt man das einjährige Sommer-Bohnenkraut (*S. hortensis*). Es wird im Mai zusammen mit Busch- oder Stangenbohnen ausgesät. Als Mischkulturpartner verhindert es, dass sich die Schwarze Bohnenblattlaus breitmacht. Das einjährige schmeckt milder als das Berg-Bohnenkraut.

RAN AN DAS KRAUT

Berg-Bohnenkraut ist ein immergrüner Halbstrauch und kann das ganze Jahr über geerntet werden. Die Blätter lassen sich gut trocknen. Die beste Erntezeit ist jedoch im Mai, wenn die jungen, zarten Blätter austreiben. Sie sind noch weich und schmecken fein-aromatisch. Man gibt sie klein geschnitten in die Tomatensauce oder an den Salat. Später sind die Blätter härter. Dann gart man ganze Stängel mit und entfernt sie am Schluss wieder. Ob Sie das einjährige oder das mehrjährige Bohnenkraut wählen – Wirkung und Anwendung sind ähnlich. Mit seinem pfeffrigen, leicht bitteren Aroma regt Bohnenkraut die Verdauung an und wird daher gerne für deftige Gerichte genommen. Besonders gut passt Bohnenkraut zu allen Arten von Bohnen und anderen Hülsenfrüchten, zu Kartoffeln, ins Ratatouille oder Risotto. Bohnenkraut ist Bestandteil der Kräuter der Provence. Zitronen-Bohnenkraut gibt einen feinen Tee, der magenstärkend und appetitanregend ist. Nach dem bekannten Kräuterheiler Mességué soll Bohnenkraut aphrodisisch wirken, am besten, wenn man die Blätter eine Zeit lang in Sherry oder Portwein ziehen lässt.

Das Kriechende Berg-Bohnenkraut wächst gut in einem Steingarten.

BORRETSCH

Borago officinalis

Borretsch gehört zu den Raublattgewächsen. Das spürt man gleich beim Anfassen der behaarten Blätter. Wenn sie jung sind, schmecken sie frisch-säuerlich, ein bisschen nach Gurke. Kein Wunder, dass man Borretsch auch Gurkenkraut nennt. Seinen anderen Namen Liebäuglein verdankt er wohl seinen sternförmigen, himmelblauen Blüten. Auf einem Salatteller sehen sie toll aus und machen Appetit auf mehr. Im Garten locken sie Honigbienen und Hummeln an.

KURZ & KNACKIG

Wuchshöhe: 60–100 cm

Lebensform: einjährig

Frosthärte: nicht frosthart

Standort: Sonne bis Halbschatten

Wasserbedarf: gleichmäßig gießen

Aussaat und Pflanzung:

J	F	M	A	M	J	J	A	S	O	N	D
			■	■	■						

SO GELINGT DER ANBAU

STANDORT UND BODEN

Borretsch gedeiht in feuchtem, humosem Gartenboden mit etwas Nährstoffen. Der Boden sollte durchlässig sein, etwa ein sandiger Lehm. In einem schweren Lehmboden wächst er nicht. Geben Sie ihm einen eigenen Platz am Rand vom Beet, denn er ist sehr raumgreifend und überwuchert gern niedrigere Nachbarpflanzen.

IM GARTEN

Man sät Borretsch direkt ins Freiland an Ort und Stelle. Borretsch bildet sehr lange Wurzeln und ist daher schwierig zu verpflanzen. Nach dem Keimen dünnt man die Pflänzchen auf etwa 40–50 cm Abstand aus. Zu eng stehende Pflanzen sind anfällig für Mehltau. Geben Sie reichlich Kompost und etwas organischen Dünger ins Beet, denn Borretsch ist ein Starkzehrer. Da er sehr groß werden kann, braucht er manchmal einen Stock als Stütze. Blühender Borretsch ist als Bienenweide besonders wertvoll.

Auf Balkon und Fensterbrett

Borretsch kann man gut im Topf oder Kasten ziehen in Kombination mit anderen Kräutern, die es auch feucht mögen, wie Schnittlauch oder Minze.

Pflege und Überwinterung

Borretsch braucht gleichmäßig Wasser. Halten Sie ihn daher immer feucht. Um stets junge frische Blätter zu bekommen, kann man Borretsch den Sommer über ein paar Mal nachsäen. Wenn Borretsch sich im Garten etabliert hat, sorgt er selber für Nachkommen, indem er sich aussät. Das kann manchmal überhandnehmen, vor allem, wenn er mit seinen großen Blättern Nachbarpflanzen überdeckt. Aber da man ihn sehr leicht herausreißen kann, stellt dies kein Problem dar.

Aus der gleichen Familie

Es gibt nur wenige Sorten von Borretsch. Eine weißblühende Sorte ist 'Alba'. Eine interessante Variante ist der mehrjährige Stauden-Borretsch (*Borago pygmaea*). Er hat kleine, blaue Glockenblüten, die ebenfalls Bienen anziehen. Er wächst zierlicher und wird nur ungefähr 20 cm hoch. Daher eignet er sich für den Anbau im Kasten. Da er nur bedingt frosthart ist, schützt man ihn im Winter mit einem Vlies.

Ran an das Kraut

Schmackhaft und zart sind nur die jungen Borretschblätter. In den Blattachseln wachsen immer neue Blätter nach, wenn man die Spitzentriebe kappt. Der frische, leicht salzige Geschmack von Borretschblättern passt gut zu Gurkensalat, Kopfsalat, Kräuterquark, Eiern oder Frischkäse. Die hübschen Blüten sind etwas fürs Auge. Ob als essbare Garnitur oder in der Limo – die hellblauen Sterne machen einfach gute Laune, zum Beispiel im Obstsalat, zu Wassermelonen oder zu Erdbeeren.

Eine appetitanregende Vorspeise sind Ziegenfrischkäsebällchen mit Borretschblüten. Und so geht's: Man nimmt für 200 g Ziegenfrischkäse eine Handvoll Borretschblüten. Die Blüten klein zupfen. Den Frischkäse mit der halben Menge Blüten vermengen, salzen, pfeffern und zu Kugeln rollen. Die restlichen Blüten auf einem Teller ausbreiten und die Käsebällchen darin wälzen. Mit Blättern und Blüten lassen sich auch Öle und Essige aromatisieren. Für ein grünes Salatöl zerkleinert man Borretschblätter und mixt sie mit Rapsöl. Das Ganze in einem Glas ein bis zwei Tage ziehen lassen, durch ein feines Sieb abseihen und in eine Flasche füllen. Borretschblüten in Apfelessig aufgesetzt färben den Essig leicht rotviolett.

Blüten-Eiswürfel

Borretschblüten-Eiswürfel sehen in Sommerdrinks toll aus. Doch wie bekommt man beim Einfrieren die Blüte genau in die Mitte vom Eiswürfel? Dafür gibt es einen Trick: Man legt die Blüten mit den Köpfen nach unten in die Eisbehälter und füllt sie nur zur Hälfte mit Wasser. Den Behälter für zwei bis drei Stunden ins Gefrierfach stellen, herausnehmen und ganz mit Wasser füllen. Die Blüte liegt jetzt mitten im Eiswürfel und sieht aus wie ein Juwel.

Bauerngartenpflanzen

Traditionelle Bauerngärten sind schön, nützlich und zweckmäßig. Das sind auch die Pflanzen, die darin wachsen. In den mit Buchs eigefassten Beeten gedeihen in bunter Eintracht Blumen, Gemüse und Kräuter nebeneinander. Sie fördern sich gegenseitig, halten den Garten gesund und sind für vieles zu gebrauchen.

RINGELBLUME (*Calendula officinalis*)

Ringelblumen blühen den Sommer über leuchtend gelb und orange und locken mit ihrem Nektar und Pollen Bestäuber an. Sie sind nicht nur schön, sie pflegen auch den Boden. Denn ihre Wurzeln geben Stoffe ab, die Fadenwürmer (*Nematoden*) fernhalten. Selbst gemachte Ringelblumensalbe hilft bei Wunden und Verstauchungen.

LEIN, FLACHS (*Linum usitatissimum*)

Im Mittelalter wurde viel Flachs angebaut. Aus den Pflanzenfasern stellte man den Rohstoff für die Leinenwebereien her. Die einjährige, aufrecht wachsende Pflanze hat reichhaltige Samen, die Omega-3-Fettsäuren enthalten. Ihre kleinen, blauen Blüten bietet Insekten Nahrung.

JUNGFER IM GRÜN (*Nigella damascena*)

Wo Jungfer im Grün sich einmal etabliert hat kommt sie immer wieder. Die unkomplizierte Gartenblume mit den fiedrigen Blättern und blauen Blüten bildet nach dem Verblühen einen hellgrünen Ballon mit schwarzen Samen. Dieser Fruchtstand sieht in Trockensträußen dekorativ aus. Die essbaren Samen schmecken nussig-aromatisch.

FÄRBER-KRAPP, KRAPPWURZ ((*Rubia tinctorum*)

Krappwurz ist eine Färberpflanze. Die Wurzeln enthalten den Farbstoff Krapprot, den man zum Stofffärben und Aquarellieren verwenden kann. Man gewinnt ihn, indem man die Wurzeln trocknet, klein schneidet und in Wasser siedet. Die Stängel und Blätter besitzen feine Widerhäkchen und erinnern beim Anfassen an Kletten-Labkraut.

BEINWELL (*Symphytum officinale*)

Beinwell ist eine heimische Staude und gehört zu den Raublattgewächsen. Die Wurzeln enthalten Allantoin, das die Wundheilung der Knochen fördert. Bei Knochenbrüchen, Prellungen und Verstauchungen kann eine Beinwellsalbe oder ein Umschlag aus den Wurzeln den Heilungsprozess beschleunigen.

CURRYKRAUT

Helichrysum italicum

Currykraut oder Currystrauch ist einer der schönsten mediterranen Halbsträucher. Mit seinem silbrigen Laub taucht er den Garten oder die Terrasse in ein heiteres Licht. Dazu verströmt er ein warmes Aroma, das an indische Currys erinnert – nach einem Sommerregen sogar noch intensiver. Die gelben Blüten sehen aus wie Strohblumen. Currykraut kann man in der Küche verwenden, aber noch größer ist sein Nutzen für die Floristik mit duftenden Kräutern.

KURZ & KNACKIG

Wuchshöhe: 50 cm
Lebensform: mehrjährig
Frosthärte: bedingt frosthart
Standort: Sonne
Wasserbedarf: mäßig gießen
Aussaat und Pflanzung:

J	F	M	A	M	J	J	A	S	O	N	D
			■	■							

SO GELINGT DER ANBAU

STANDORT UND BODEN

Currykraut mag einen sonnigen Platz in durchlässigem, magerem Boden. Am besten angelehnt an eine schützende Steinmauer. Verträgt Trockenheit sehr gut. Im Winter darf Currykraut keine Staunässe haben.

IM GARTEN

Currykraut braucht viel Platz um sich herum. Pflanzen Sie es in geschützter Lage in sandigen Boden. Es passt sehr gut in Kiesgärten oder mediterrane Kräuterbeete. Zusammen mit Lavendel, Steppen-Salbei, Echinaceen oder Ysop sieht es bezaubernd aus.

AUF BALKON UND FENSTERBRETT

Wenn Sie einen Südbalkon oder eine sonnenexponierte Terrasse haben, ist ein Terrakottakübel mit einem Currykraut das Richtige. Befüllen Sie den Topf mit Kräutererde, die Sie zu zwei Dritteln mit Sand, Tongranulat oder Kalksplitt mischen.

PFLEGE UND ÜBERWINTERUNG

Schneiden Sie das Currykraut nach der Blüte leicht zurück. Wenn es zu verholzen droht, ist auch ein Rückschnitt im Frühjahr sinnvoll. Vermeiden Sie aber einen Schnitt ins alte Holz. Currykraut ist bedingt winterhart. In rauen Lagen braucht es eine Abdeckung aus Vlies oder Tannenreisig, das auch vor der Wintersonne schützt. Im Haus kann Currykraut kühl und trocken überwintert werden. Currykraut wird bei uns meist nicht älter als drei bis vier Jahre. Sorgen Sie deshalb mit Stecklingen für Nachkommen.

AUS DER GLEICHEN FAMILIE

Vom Currystrauch gibt es eine kleinere, kompakte Variante, den Zwerg-Currystrauch (*Helichrysum italicum* subsp. *serotinum*). Eine andere Variante ist das Dalmatinische Currykraut (*H. italicum* subsp. *angustifolium*). Sie wird als Heilpflanze „Immortelle" und in der Parfumindustrie genutzt.

RAN AN DAS KRAUT

Currykraut ist nicht zu verwechseln mit der indischen Gewürzmischung Curry, die aus mehreren Bestandteilen zusammengesetzt ist. Currykraut aus dem eigenen Garten ist aber ebenso küchentauglich. Zu asiatischen Reispfannen, Fleisch- oder Gemüsegerichten kann man ein paar Blättchen dazugeben. Am besten erst ganz am Schluss, sonst schmecken sie bitter.

In der Floristik gibt es viele Verwendungsmöglichkeiten für Currykraut. Die silbrigen Zweige und die schwefelgelben Blüten, die von Juli bis September blühen, sehen in Trockensträußen super aus. Kombiniert mit Lavendel, Thymian und Salbei entstehen ansprechende, mediterrane Tischdekorationen. Vielfältig sind auch die Kombinationen aus Tannengrün und Currykraut in der Adventszeit. Gestecke und Kränze damit zaubern eine besondere Atmosphäre im Wohnraum und verströmen zudem einen angenehmen Duft. Der Kontrast aus dunklem Tannengrün, Kiefern oder Buchs und den silbernen Zweigen, dazu ein paar Hagebutten, machen einen Kranz lebendig und wecken Erinnerungen an den Sommer. Für einen Kräuterkranz können wir getrocknete Blüten von Lavendel, Ysop, Rosen oder Fenchel, Mohnkapseln und Zweige von Salbei, Lorbeer oder Rosmarin mit einflechten. Und so geht's: Man benötigt Efeuranken oder Weidentriebe als Basis, Blumendraht, eine Gartenschere und beliebige grüne oder getrocknete Zweige. Aus den Ranken windet man zunächst einen Reif und fixiert ihn mit Draht. Die Kräuterstängel, Zweige und Trockenblumen werden zu kleinen Büscheln gefasst und mit Blumendraht ringsum auf dem Reif befestigt. Man legt sie immer leicht versetzt übereinander, sodass man die Ansätze nicht sieht.

Immortellenwasser

Aus dem Dalmatinischen Currykraut wird das Immortellen-Hydrolat gewonnen. Im Handel wird es als Immortellenwasser angeboten und ist meist als Spray erhältlich. Bei Prellungen und blauen Flecken sprayt man Immortellenwasser als erste Hilfe über die betreffende Stelle. Es wirkt abschwellend und lindert den Schmerz.

DILL

Anethum graveolens

Dill kam ursprünglich aus dem östlichen Mittelmeerraum und Orient zu uns. Das Kraut mit den gelben Doldenblüten und fedrigen Blättern ist ein gewohnter Anblick aus den Bauerngärten, wo Dill seit jeher in enger Nachbarschaft mit Gurken angebaut wird. Die beiden Pflanzen harmonieren nicht nur im Gemüsebeet prima miteinander, sondern auch in der Küche. Ein Gurkensalat braucht einfach Dill, eingelegte Essiggurken seine Blüten.

Kurz & knackig

Wuchshöhe: 80–120 cm
Lebensform: einjährig
Frosthärte: nicht frosthart
Standort: Sonne bis Halbschatten
Wasserbedarf: gleichmäßig gießen
Aussaat und Pflanzung:

J	F	M	A	M	J	J	A	S	O	N	D
			■	■	■	■					

SO GELINGT DER ANBAU

Standort und Boden

Dill liebt lockeren, humosen Boden, der feucht, aber nicht nass ist. Ein sonniger, warmer Platz begünstigt das Wachstum. Besonders gut wächst Dill, wenn er die Füße im Schatten hat. Daher ist die Mischkultur mit Gurken bewährt.

Im Garten

Säen Sie Dill direkt an Ort und Stelle breitwürfig aus. Ihn zu verpflanzen, ist schwierig. Nach dem Auflaufen auf 10–15 cm ausdünnen. Manchmal keimt Dill nicht. Möglicherweise war das Saatgut zu alt. Dillsamen ist nämlich nur ein bis zwei Jahre keimfähig. Manchmal kann es auch an einem Bodenpilz liegen, der die Keimlinge befällt. Beachten Sie daher die Fruchtfolge und säen Sie Dill nur alle drei bis vier Jahre am selben Platz aus.

Auf Balkon und Fensterbrett

Balkonkästen oder Töpfe sind für den Anbau von Dill gut geeignet. Hier sind sie vor Schneckenfraß geschützt. Er bleibt hier zwar etwas niedriger als im Garten, entwickelt aber ausreichend Blattmasse. Es empfiehlt sich, Dill bis Ende Juli alle drei bis vier Wochen auszusäen, um immer frische Blätter für die Küche zu haben.

PFLEGE UND ÜBERWINTERUNG

Bei heißen Temperaturen gehen Dillpflanzen oft in Blüte. Wenn man die Triebspitzen rechtzeitig zum Ernten abschneidet, zögert man die Blüte hinaus. Doch dürfen Dillpflanzen gerne auch blühen. Denn als Nahrung für Bienen, Hummeln und Schwebfliegen sind sie von großer Bedeutung. Wie viele Doldenblütler bietet Dill sogar Nahrung für Schmetterlingsraupen. Dill jedes Jahr neu aussäen.

Besonderer Tipp

Dill aus eigenem Samen gedeiht oft besser als gekaufter, weil er an den Standort angepasst ist. Im Juli treiben die größten Dillblüten. Lassen Sie die schönsten stehen und die Samen ausreifen. Wenn sie sich hellbraun färben, sind sie erntereif. Schneiden Sie die Doldenstängel ab und lassen Sie sie trocknen. Den Samen in Tütchen packen, beschriften und im nächsten Jahr wieder aussäen.

AUS DER GLEICHEN FAMILIE

Die sogenannten tetraploiden Sorten des Dills haben kräftige Blätter und bringen am meisten Ertrag. Zum Beispiel die Sorte 'Tetra Dill'. Sie ist standfest und fällt bei Wind nicht so leicht um. Es gibt auch Dill-Varianten mit niedrigerem Wuchs. Achten Sie beim Balkonanbau darauf.

RAN AN DAS KRAUT

Dill verwendet man am besten frisch, er verliert schnell sein Aroma. In der orientalischen und russischen Küche wird viel mit Dill gekocht. Man würzt Reis, Fleisch, Fisch, Gemüse, Borschtsch und Rote Bete damit. Gut passt Dill zu einem frischen, sommerlichen Kartoffelsalat, der auf der Grillparty sicherlich gut ankommt. Gekochte Kartoffeln, eine Salatgurke, eine fein gewiegte Zwiebel, Essig, Öl, Brühe und eine gute Handvoll frischer Dill sind die Zutaten dafür. Alles gut miteinander vermengen und ziehen lassen. Der Geschmack von Dill ist frisch und würzig. Ein Kräuterquark mit Dill, Schnittlauch und ein bisschen Schabzigerklee schmeckt ausgesprochen fein. Dillsaucen verfeinern Fisch und Meeresfrüchte.

Aus Skandinavien kennt man den Graved Lachs oder gebeizten Lachs, eine traditionelle Methode der Konservierung von Fisch. Frische Lachsfilets werden mit viel Dill, grobem Meersalz, Zucker und Pfefferkörnern eingerieben, mit einem Gewicht beschwert und für ein bis zwei Tage in den Kühlschrank gestellt. Während dieser Zeit findet eine leichte Fermentierung statt. Danach wird der Lachs in feine Scheiben geschnitten und mit einer Dill-Senf-Sauce serviert.

Auch Dillblüten und -samen können Sie verwenden. Die Blüten sind die klassische Zutat für eingelegte Gurken. Zum Aromatisieren von Essig kann man sie ebenfalls nehmen. Die Samen schmecken scharf, ein bisschen nach Kümmel. Man kann sie in einer Gewürzmühle mahlen und in den Brotteig geben.

FRANZÖSISCHER ESTRAGON

Artemisia dracunculus var. sativa

Französischer Estragon gehört zu den Artemisien. Er schmeckt lieblich-aromatisch, anisartig und ein bisschen nach Lakritze. Ganz anders als sein bitter-herber Verwandter, der Wermut. Bis zu 3 Prozent ätherisches Öl enthalten die Blätter, hauptsächlich Estragol und Anethol. Bei dem ausgesprochen feinen, komplexen Aroma wundert es nicht, dass Estragon in Frankreich, dem Land der Haute Cuisine, so beliebt ist: in der Sauce béarnaise oder in würzigen Essigvarianten.

KURZ & KNACKIG

Wuchshöhe: 40–60 cm
Lebensform: mehrjährig
Frosthärte: frosthart
Standort: Sonne bis Halbschatten
Wasserbedarf: gleichmäßig gießen
Pflanzung:

J	F	M	A	M	J	J	A	S	O	N	D
			■	■							

SO GELINGT DER ANBAU

STANDORT UND BODEN

In einem humosen, tiefgründigen und nahrhaften Boden in Sonne oder Halbschatten gedeiht Estragon gut und bildet viele Blätter. Mehr Aroma entwickelt er jedoch in magerem Boden an einem sonnigen Standort.

IM GARTEN

Französischer Estragon wird ausschließlich vegetativ vermehrt. Er wird nicht ausgesät. Besorgen Sie sich eine Pflanze in der Gärtnerei oder gewinnen Sie im Frühjahr durch Wurzelteilung Ableger. Setzen Sie ihn ins Kräuterbeet, gerne am Rand, nahe bei Steinen oder an das untere Ende der Kräuterspirale. Geben Sie in das Pflanzloch etwas reifen Kompost.

AUF BALKON UND FENSTERBRETT

Estragon kann gut in Topf oder Kasten gezogen werden. Füllen Sie das Gefäß mit normaler Kräutererde, wenn überhaupt, dann nur wenig Dünger zugeben. Eine sonnige Lage ist vorteilhaft.

PFLEGE UND ÜBERWINTERUNG

Estragon bildet oft lange, dünne Triebe, die am Boden aufliegen. Wenn man die Triebe zur Ernte ganz unten abschneidet, werden neue Triebe aus der Basis gefördert und der Wuchs ist buschiger. Französischer Estragon ist frostempfindlich. Im Garten braucht er in rauen Lagen Winterschutz aus Vlies oder Tannenreisig. Auf dem Balkon bettet man den Topf in eine Kiste, die mit Laub gefüllt ist. Französischer Estragon wird nicht sehr alt. Alle zwei bis drei Jahre sollten Sie ihn teilen und in neue Erde verpflanzen.

AUS DER GLEICHEN FAMILIE

Auf dem Markt gibt es drei verschiedene Estragon-Varianten: Französischer Estragon (*Artemisia dracunculus* var. *sativa*) hat das feinste Aroma. Russischer Estragon (*A. dracunculus* var. *inodora*) enthält kaum ätherische Öle und schmeckt ein bisschen herbbitter. Dafür ist er absolut winterhart und robust. Er wird über 1 m hoch und breitet sich durch Ausläufer aus. Er ist der einzige, der durch Samen vermehrt wird. Samentütchen im Handel enthalten immer Russischen Estragon! Deutscher Estragon ist in Geschmack und Wuchs ein Mittelding zwischen beiden. Er hat ein anisartiges, leicht bittersüßes Aroma, ist im Wuchs aber stärker und robuster als der Französische Estragon. Empfehlenswert ist die im Handel erhältliche Sorte ‘Baden-Baden’.

RAN AN DAS KRAUT

Estragonblätter enthalten Cumarin, Gerb- und Bitterstoffe, die appetitanregend wirken und die Verdauung fördern. Das Aroma ist recht intensiv. Setzen Sie Estragon daher wohldosiert ein. Estragon passt gut zu hellen Saucen oder zu Sahnesüppchen zusammen mit Kerbel, Petersilie oder Bärlauch. In Frankreich ist Estragon weit verbreitet und beliebt. Er gehört in die berühmte Sauce béarnaise. Außerdem ist er Teil der Kräutermischung *Fines Herbes*, die vor allem zu Geflügel, Eiern und Fisch gegeben wird. Fein schmeckt Estragon zu Forelle. Dazu füllt man die Forelle mit klein geschnittenem Estragon, Petersilie, Zitronenmelisse, Dill und einer Zitronenscheibe und gart sie im Backofen. Estragon eignet sich gut zum Aromatisieren von Senf, Butter oder Essig. Für einen Estragonessig legt man ein bis zwei Stängel in Weißweinessig ein und lässt den Ansatz zwei bis drei Wochen ziehen.

Französischer Estragon hat einen ganz eigenen Geschmack und lädt zum Experimentieren ein. Verwenden Sie ihn auch für Süßspeisen. Estragon und Zitronenverbene ergänzen sich sehr gut, zum Beispiel in einem Sorbet.

Estragonsenf

Senf selbst herstellen ist gar nicht schwer. Man benötigt 200 g gelbes Senfmehl aus dem Bioladen. Das Mehl mit 350 ml Wasser, 350 ml Weißweinessig, 25 g Salz und 50 g Zucker verrühren und in einem Topf aufkochen lassen. Dabei ständig umrühren. Am Schluss etwa 10 g frische, klein geschnittene Estragonblätter hinzufügen. In saubere Gläser füllen und im Kühlschrank aufbewahren. Das Senf-Rezept funktioniert auch gut mit frisch geriebenem Meerrettich.

GEWÜRZ-FENCHEL

Foeniculum vulgare var. *dulce*

Gewürz-Fenchel wird gerne mit Dill verwechselt. Kein Wunder – mit seinen gefiederten Blättern und gelben Blütendolden sieht er ähnlich aus. Doch Fenchel übertrifft den Dill noch mit seinen Aromen. Wenn die ätherischen Öle in der Mittagsonne verdunsten und in die Nase steigen, fühlt man sich wie im Süden. Alles an ihm duftet nach Anis. Bei der Gartenarbeit kaue ich gerne Fenchelkörner. Sie schmecken erfrischend, wie Lakritze.

KURZ & KNACKIG

Wuchshöhe: 100–150 cm

Lebensform: zwei- bis mehrjährig

Frosthärte: frosthart

Standort: Sonne

Wasserbedarf: wenig gießen

Aussaat und Pflanzung:

J F M A M J J A S O N D

SO GELINGT DER ANBAU

STANDORT UND BODEN

Gewürz-Fenchel wächst unkompliziert. Er gedeiht sowohl in mageren, steinigen Böden, in Ritzen von Pflastersteinen als auch in nährstoffreichen, lehmhaltigen Humusböden. Er sollte aber auf jeden Fall einen Platz in der Sonne bekommen. Da er sehr mächtig wird, ist es sinnvoll, ihn am Rand vom Beet oder am Zaun zu ziehen. Manche pflanzen ihn in den Ziergarten, wo er zwischen den Blütenstauden mit seinen fedrigen Blättern eine gute Figur macht. Wenn es ihm an dem Standort gefällt, vermehrt er sich durch Selbstaussaat und er wird ein Dauergast im Garten.

IM GARTEN

Entweder besorgt man sich eine Jungpflanze oder sät ihn aus. Aussaat ist im März, April. Achten Sie auf genügend Abstand. Wegen der Pfahlwurzel ist er nur im jungen Zustand verpflanzbar. Im ersten Jahr bildet der Gewürz-Fenchel nur eine Blattrosette. Er blüht dann im zweiten Jahr. Wenn Sie

Gewürz-Fenchel in einem nährstoffreichen Gemüsebeet anbauen, bildet er viele Triebe, kann aber auch leicht umfallen. In diesem Fall befestigt man ihn an einem Stützpfahl.

Auf Balkon und Fensterbrett

Man kann Fenchel auch auf dem Balkon anbauen. In einem Pflanzkübel, der groß genug ist, ist er gut aufgehoben.

PFLEGE UND ÜBERWINTERUNG

Gewürz-Fenchel ist trockenverträglich. Er benötigt nur wenig Wasser und kaum Pflege. In den meisten Gegenden übersteht er den Winter gut. Im späten Frühjahr schneidet man den verdorrten Stängel eine Handbreit über dem Boden ab.

AUS DER GLEICHEN FAMILIE

Eine schöne Variante ist der Bronze-Fenchel (*Foeniculum vulgare* 'Rubrum'). Er hat rötliches Laub und bleibt etwas niedriger. Mit dem warmen Farbton passt er ausgezeichnet ins Staudenbeet.

RAN AN DAS KRAUT

Die Früchte oder Samenkörner des Gewürz-Fenchels enthalten die ätherischen Öle Anethon und Fenchon. Fenchelsamen helfen bei Infekten der Atemwege, bei Husten und bei Magen- und Darmproblemen. Für einen Verdauungstee werden pro Tasse 1 EL Fenchelsamen im Mörser zerstoßen und mit heißem Wasser aufgegossen. Mit 1 TL Honig entfaltet er seine Wirkung noch besser. Fenchelsamen wird gerne beim Backen verwendet. Sein Anisaroma ist wunderbar und verfeinert Kuchen, Plätzchen oder Fladenbrot. Wohl wegen seiner verdauungsfördernden Wirkung wird Fenchel gerne in verschiedenen Gewürzmischungen verwendet, wie beispielsweise in Garam Masala.

Provenzalische Gerichte mit Tomaten oder die berühmte Bouillabaisse werden mit Fenchelsamen gewürzt. Ein Schuss Pastis verstärkt das Aroma. Weniger bekannt ist die Verwendung der jungen Fenchelstängel. Wenn sie frisch ausgetrieben sind, sind sie besonders saftig und zart. Man verarbeitet sie wie Gemüse. Sie passen sehr gut zu Fischgerichten. Sind die Stängel etwas älter, werden sie hart. Dann schält man sie wie Spargel.

Besonderer Tipp

Gewürz-Fenchel ist ein Star unter den Schmetterlingspflanzen. Er bietet nicht nur Nektar, sondern auch Raupenfutter. Mit etwas Glück legt der wunderschöne Schwalbenschwanz seine Eier hier ab. Es lohnt sich, vorsichtig zu sein und genau hinzuschauen. Die hübschen Raupen sind nicht zu übersehen. Manche schlüpfen, verpuppen und entfalten sich noch im Sommer. Die zweite Generation überwintert als Puppen an den Stängeln. Deshalb sollte man mit dem Rückschnitt unbedingt bis Ende April, Anfang Mai warten.

Bauchwehsalbe für Babys

Eine Salbe aus Gewürz-Fenchel lindert Verdauungsbeschwerden bei Babys und Kleinkindern. Die Salbe kann man schnell und einfach mit Butterschmalz herstellen oder mit dem aus der Ayurvedamedizin bekannten Ghee. 1½ EL Fenchelsamen im Mörser zerstoßen und mit 2 EL Ghee vermengen. Im Topf auf etwa 50 °C erwärmen, zehn Minuten rühren und durch ein Sieb geben. Die Salbe sollte Körpertemperatur haben. Sanft auf dem Bauch einmassieren.

KERBEL

Anthriscus cerefolium

Kerbel ist ein Frühlingsbote. Wenn der erste Spargel sprießt und der Kopfsalat treibt, ist auch der Kerbel so weit. Sein feines Anisaroma passt gut in schaumige Sahnesüppchen, in die Sauce hollandaise oder in einen fit machenden Smoothie. Kerbel anzubauen ist unkompliziert. Er mag es kühl und feucht und wird früh im Jahr ausgesät. Bereits nach sechs Wochen kann er geerntet werden. Eine Aussaat im September bringt noch eine späte Ernte.

Kurz & knackig

Wuchshöhe: 30–50 cm
Lebensform: einjährig
Frosthärte: frosthart
Standort: Halbschatten
Wasserbedarf: gleichmäßig gießen
Aussaat und Pflanzung:

J	F	M	A	M	J	J	A	S	O	N	D
	■	■	■				■	■			

SO GELINGT DER ANBAU

Standort und Boden

Kerbel mag einen humosen, leicht feuchten Boden und wächst gut im Halbschatten. Kerbel mag es kühl und feucht. Ein Platz in praller Sonne ist ungünstig. Gut geeignet für den Kerbelanbau ist ein Hochbeet mit lockerem Boden.

Im Garten

Bereits ab Ende Februar ist eine Aussaat möglich. Frühe Aussaaten am besten unter Vlies in unkrautfreie Erde. Säen Sie Kerbel direkt an Ort und Stelle, da ein Verpflanzen schwierig ist. Kerbel ist ein Lichtkeimer, also den Samen nur ganz schwach mit Erde bedecken.

Auf Balkon und Fensterbrett

Im Balkonkasten ist der Anbau leicht und durch die Nähe zur Küche sehr praktisch. Säen Sie den Samen nicht zu dicht und halten Sie die Aussaat feucht. Kerbel hat eine kurze Entwicklungszeit. Wenn er blüht, ist

Kerbel passt gut zu hellen Saucen. Sein Geschmack ist süßlich-aromatisch mit einem leichten Tick Anis. Ich verwende ihn gerne in der Mischung mit anderen Frühlingskräutern.

die Ernte vorbei. Am besten säen Sie ihn deshalb alle 14 Tage nach. Nach dem Motto: Verbrauchen und neu säen!

In den heißen Sommermonaten geht er besonders schnell in Blüte. Dann lohnt sich der Anbau nicht. Eine Aussaat ist erst im Spätsommer wieder sinnvoll.

PFLEGE UND ÜBERWINTERUNG

Gleichmäßig feucht halten. In Hitzephasen den Topf aus der Sonne nehmen oder schattieren. Den Blütentrieb rechtzeitig ausbrechen. Kerbel übersteht sogar Minusgrade. Im September oder noch später ausgesäter Kerbel überwintert und treibt im Frühjahr neu aus. Während der Winterzeit ist auch ein Indoor-Anbau von Kerbel möglich. Man sollte aber mit einer Pflanzenlampe für ausreichend Licht sorgen.

RAN AN DAS KRAUT

Ernten Sie Kerbel am besten vor der Blüte und verwenden Sie ihn frisch. Geschnitten ist er nicht lange lagerfähig. Kerbel enthält Vitamin C, ätherische Öle wie Estragol, Flavonoide, Gerb- und Bitterstoffe. Durch seine entwässernde und blutreinigende Wirkung gilt er als Frühjahrstonikum. Zusammen mit Löwenzahn und anderen Wildkräutern hilft er, den Organismus im Frühjahr fit zu machen. Klassisch ist die Gründonnerstagssuppe zur Fastenzeit, die in den Klosterküchen zubereitet wurde. Heute verwendet man das Kraut gerne für eine leichte Küche. Kerbel passt zu hellen Saucen, Dips, Vinaigretten, Sahnesüppchen oder zur Sauce hollandaise mit Spargel. Er ist Bestandteil frischer Frühlingssaucen, wovon die Frankfurter Grüne Sauce nur ein Beispiel ist. Das unkomplizierte Küchenkraut harmoniert gut mit anderen Kräutern, ja, es verstärkt sogar deren Aromen. So gehört Kerbel zusammen mit Schnittlauch, Petersilie und Estragon zu den *Fines Herbes*, einer französischen Kräutermischung, mit der man Fischgerichte oder Rührei würzt. Kerbel wird nicht mitgekocht, sondern erst am Schluss dazugegeben.

Frankfurter Grie Soß

Kerbel, Sauerampfer, Borretsch, Schnittlauch, Petersilie, Kresse und Pimpinelle – diese sieben Kräuter sind die Originalzutaten für die Frankfurter Grüne Sauce. Es gibt viele Varianten. Als Grundlage werden Joghurt, Saure Sahne, Senf und etwas Öl miteinander verrührt. Die klein geschnittenen Kräuter hinzufügen und alles pürieren. Am Schluss gekochte, gehackte Eier dazugeben und mit Zitronensaft, Salz und Pfeffer abschmecken.

KORIANDER

Coriandrum sativum

Es gibt kaum ein Kraut, das so polarisiert. Für die einen sind Korianderblätter das i-Tüpfelchen einer feinen Küche, den anderen schmecken sie schlicht nach Seife. Blattkoriander ist ein eigenwilliges Gewächs und doch ist es das älteste und gebräuchlichste Kraut der Welt. Rund um den Globus wird damit seit Jahrhunderten gekocht. Fisch und Meeresfrüchte, mediterrane, asiatische und lateinamerikanische Speisen erhalten mit Koriander erst die richtige Finesse.

Kurz & knackig

Wuchshöhe: 50–80 cm
Lebensform: einjährig
Frosthärte: bedingt frosthart
Standort: Sonne, Halbschatten
Wasserbedarf: gleichmäßig gießen
Aussaat und Pflanzung:

J F M A M J J A S O N D

SO GELINGT DER ANBAU

Standort & Boden

Koriander ist ein unkompliziertes Kraut. Er liebt einen feuchten Humusboden mit Nährstoffen und mag eher Halbschatten.

Im Garten

Geben Sie Koriander einen Platz am Rand vom Gemüsebeet oder in einem Hochbeet. Der Boden sollte tiefgründig gelockert sein und reifen Kompost enthalten. Koriander wächst rasch. Wenn er am passenden Ort steht und es ihm dort gefällt, dann sät er sich aus. So sorgt er selbst für seinen Fortbestand.

Auf Balkon und Fensterbrett

Koriander gedeiht prima in Balkonkästen. Ein heißer Südbalkon ist jedoch nicht geeignet. Kalte Temperaturen und sogar leichter Frost machen Koriander nicht zu schaffen. Man kann ihn schon ab Ende März aussäen. Oder man zieht ihn drinnen auf der Fensterbank vor. Nehmen Sie zur Anzucht Paper Pots. Sie haben den Vorteil, dass man die Sämlinge später mitsamt Papiertopf versetzen kann, ohne die Wurzeln zu stören. Hat Koriander nämlich Stress durch Verpflanzen, geht er schnell in Blüte. Drücken Sie die Samenkörner 1 cm tief in die Erde und halten Sie die Aussaat feucht. Ich habe indoor gute Erfahrungen mit Koriander gemacht. Unterstützt durch eine Pflanzenlampe wächst er in Töpfen prima und ich konnte schon früh im Jahr ernten. Um möglichst immer frischen Nachschub an Blättern zu haben, säen Sie Koriander im Abstand von drei bis vier Wochen nach. Bis Anfang September ist das möglich.

Wenn Koriander blüht, gibt es kaum noch Blätter zu ernten. Jetzt fliegen Insekten auf die Blüten. Später ernten wir die Samen.

PFLEGE UND ÜBERWINTERUNG

Regelmäßiges Gießen und Schneiden der Spitzentrieben fördert den Blattzuwachs und zögert die Blütenbildung hinaus. In Hitzeperioden entwickelt Koriander nur noch gefiederte Blätter und steckt alle Kraft in die Blütenstängel. In den Sommermonaten sollte der Topf unbedingt im Schatten stehen, reichlich gegossen und mit Nährstoffen versorgt werden. Lassen Sie auch einige Pflanzen blühen. Die weißrosa Doldenblüten ziehen Wildbienen an. Bald entstehen die kugelrunden, grünen Samen, die man wie die Blätter zum Kochen nehmen kann. Um sie zu trocknen und aufzubewahren, lässt man die Samen an der Pflanze hängen, bis sie hellbraun und voll ausgereift sind.

Vietnamesischer Koriander ist weitgehend unbekannt. Sein mildes Koriander-Aroma und seine tropische Wuchskraft machen das Küchenkraut so interessant.

AUS DER GLEICHEN FAMILIE

Der im Handel übliche Koriander hat die Eigenschaft, Blätter zu treiben, bald zu blühen und Samenkörner zu bilden. Daneben gibt es Korianderzüchtungen, die viel Blattmasse bilden und erst spät in Blüte gehen, etwa ‘Cilantro’. Er ist ein robuster Blattkoriander aus Zentralamerika, der ziemlich frosthart ist und mild schmeckt.

Der Vietnamesische Koriander (*Persicaria odorata*) ist eine andere botanische Gattung. Er gehört zu den Knöterichgewächsen und sieht unserem Wiesenknöterich ähnlich. Die dunklen Flecken auf seinen Blättern sind charakteristisch. Er ist eine ausdauernde Staude, die recht schnell wächst, wenn man ihr eine nahrhafte, feuchte Erde gibt. Manche kultivieren Vietnamesischen Koriander als Zimmerpflanze. Die Blätter, die man in Asien viel zum Kochen verwendet, schmecken etwas milder als die des echten Korianders und haben eine frische Zitrusnote.

RAN AN DAS KRAUT

Sie können vom Koriander alles verwenden: Stiele, Blätter, Blüten, Wurzeln, die unreifen und die reifen Samen. Verwenden Sie die grünen Pflanzenteile frisch. Koriander verträgt sich gut mit anderen Kräutern, etwa mit Minze, Basilikum oder Petersilie. Um das Aroma voll auszuschöpfen, gebe ich schon am Anfang der Garzeit einen Teil und am Ende den Rest Koriander dazu. Korianderblätter harmonieren gut mit allem, was aus dem Meer kommt: Fisch, Tintenfisch, Garnelen und Muscheln.

Es gibt Koriander-Rezepte aus unterschiedlichen Kulturkreisen rund um den Globus. In den Küchen Mexikos und Lateinamerikas ist Koriander Bestandteil von scharfen Salsas und Dips, zum Beispiel einer Guacamole. Sie besteht aus Avocado, Tomaten, Limettensaft und Zwiebeln und erhält mit Korianderblättern den typischen Geschmack. In ganz Lateinamerika bereitet man rohen Fisch, Ceviche, mit Koriander zu. In Südeuropa und in arabischen Ländern wird viel mit Koriander gekocht. In Portugal nennt man ihn Coentro. Gerichte mit Muscheln und Garnelen, wie Arroz de Marisco oder die berühmte Cataplana kommen ohne Coentro nicht aus. Bei uns wurde Koriandergrün vor allem über die asiatische Küche bekannt. Suppen mit Garnelen, Fisch oder Huhn werden mit ein paar Korianderstängeln abgerundet. Das Dreigestirn aus Koriander, Limettensaft und Chili ist eine gute Basis, um den typisch asiatischen Geschmack zu erreichen. Eine Gemüsepfanne oder ein Wokgericht erhält mit diesen drei Zutaten das gewisse Etwas. Ein einfaches, schmackhaftes Rezept mit Koriander sind karamellisierte Karotten. Junge Bund-Karotten in einer Pfanne mit Butter und Zucker ankaramellisieren, mit wenig Wasser ablöschen und am Schluss ein paar Korianderblätter dazugeben.

Im Gegensatz zu den Blättern sind Korianderkörner bei uns schon seit dem Mittelalter im Gebrauch. Sie sind ein beliebtes Gewürz für Brot, Backwaren und Lebkuchen. Das Aroma der Körner ist warm-würzig, holzig, mit einem Tick Orangenschale. Sie enthalten reichlich ätherische Öle, hauptsächlich Linalool, und sind sehr heilsam. Für ihre Küchenverwendung gibt es viele Möglichkeiten. In Gewürzmischungen machen sie Speisen bekömmlicher. Um ihr Aroma zu verstärken, röstet man sie ein paar Minuten ohne Fett in einer Pfanne und zerstößt sie im Mörser.

Ceviche

In Peru bereitet man mit Koriander das traditionelle Nationalgericht Ceviche zu, das in ganz Lateinamerika beliebt ist. Bei uns hat Ceviche es mittlerweile zum Trend-Food geschafft. Roher, frischer Fisch (in Sushi-Qualität) wird in Limettensaft, Salz und Pfeffer eingelegt. Durch die Säure gart der Fisch. Anschließend wird er mit Koriander, Chili und Zwiebeln angemacht.

KRESSE

Lepidium sativum

Gartenkresse gehört zu den Kreuzblütlern wie Senf, Meerrettich oder Rucola. Sie sind bekannt für ihre Senfölglykoside oder Senföle, die das Immunsystem stärken. Kresse enthält auch viel Vitamin C. Daher gilt sie als wirksame Erkältungsprophylaxe. Gut, dass man das Kraut mal eben am Küchenfenster ernten kann. Sein Anbau geht schnell und ist einfach. Kresse ist eine Empfehlung für alle Neulinge im Kräuteranbau, indoor wie outdoor.

KURZ & KNACKIG

Wuchshöhe: 30–40 cm
Lebensform: einjährig
Frosthärte: nicht frosthart
Standort: Sonne bis Halbschatten
Wasserbedarf: gleichmäßig gießen
Aussaat:

J F M A M J J A S O N D

SO GELINGT DER ANBAU

STANDORT UND BODEN

Kresse mag einen humosen, feuchten Boden. Ein Platz im Gemüsebeet oder Hochbeet ist optimal. Kresse wächst zwar auch im Halbschatten, bevorzugt aber einen Platz mit ausreichender Frühjahrsonne.

IM GARTEN

Im Gartenbeet wird Kresse höher als im Topf. Die Aussaat ist ab März, entweder breitwürfig oder in Reihen mit 20 cm Abstand. Gute Mischkulturenpartner sind Möhren. Neben Salat sollte man Kresse nicht aussäen.

AUF BALKON UND FENSTERBRETT

Im Gewächshaus oder auf der Fensterbank ist die Aussaat ganzjährig möglich. Günstig ist ein helles Fenster oder ein Platz unter einer Pflanzenleuchte. Die Anzucht geht auch auf Watte oder in einem Tongefäß. Draußen und im Balkonkasten säen wir ab März. Kresse wird dicht ausgesät. Die Aussaat nicht bedecken, nur festklopfen und gut feucht halten. Die Samen sind fünf Jahre haltbar.

PFLEGE UND ÜBERWINTERUNG

Kresse ist einjährig. Wenn man Kresse im Garten blühen und versamen lässt, kann sie sich von allein vermehren.

AUS DER GLEICHEN FAMILIE

Die mehrjährige Kresse *Lepidium latifolium* war lange Zeit vergessen. Die bei uns heimische Staude wird bis zu 1 m hoch und hat breite Blätter. Sie ist ähnlich robust und wüchsig wie der Meerrettich und wurzelt dauerhaft im Garten. Die Blätter schmecken sehr scharf nach Pfeffer, daher ist neben dem offiziellen Namen Breitblättrige Kresse auch der Name Pfefferkraut gebräuchlich. Nur die jungen, zarten Blätter schmecken gut, zur Blütezeit werden sie hart und bitter.

Kapuzinerkresse (*Tropaeolum majus*) kommt aus Südamerika. Die großen, leuchtend roten, gelben oder orangenen Blüten sind ihr Markenzeichen. Die Aussaat ist ab Mai. Sie wächst gut in einem humosen Boden mit Kompost und leichter Düngung und kann ganze Flächen überwuchern. Im Spätsommer blüht sie üppig bis zum ersten Frost. Dann friert sie in einer Nacht komplett ab. Oft überwintern die ausgefallenen Samen im Boden und keimen im nächsten Jahr. Weitere verwandte Kressearten finden Sie unter „Winterkräuter“ auf Seite 90.

RAN AN DAS KRAUT

Gartenkresse am besten frisch verwenden. In knackigen Wintersalaten bringt Kresse nicht nur eine angenehme Schärfe mit sich, sondern sie ist pure Medizin. Wer stets ein bisschen Kresse von der Fensterbank zur Hand hat, stärkt seine Immunabwehr. Beim Kleinschneiden werden die Senföle sogar noch aktiviert. Kresse im Quark oder auf dem Butterbrot zu verwenden, ist durchaus sinnvoll, denn der Fettgehalt der Milchprodukte verstärkt die Aufnahme der Wirkstoffe. Die Kresse schmeckt dann übrigens milder.

Am Ende des Winters hilft Kresse, den Organismus wieder auf Trab zu bringen. Ein Frühlings-Rahmsüppchen mit einer Handvoll klein geschnittener Kresse gibt Power. Am Schluss wird mit etwas Zitrone abgeschmeckt.

Die Blüten der Kapuzinerkresse sind für die gesunde Kräuterküche besonders wertvoll. Allein optisch sind sie eine Freude. Mit ihrem leicht pfeffrigen Geschmack ergänzen sie Salate, Vorspeisen oder Fingerfood. Auch für Desserts sind sie zu entdecken. Verwenden Sie nur frische Blüten und kontrollieren Sie, ob sich im Kelch kein Honigbienchen versteckt hat. Auch die unreifen Samenkörner können Sie nutzen. Sie sehen aus wie Kapern und schmecken würzig. Man kann sie in Essig einlegen oder in einer Vinaigrette verwenden.

Kapuzinerkresseessig

Ein Kräuteressig mit Kapuzinerkresse ist eine feine Sache. Die roten Blüten färben ihn rosa. In 500 ml Weißweinessig werden eine Handvoll Blätter, Blüten, Knospen und Samen mit 1 TL Zucker eingelegt. Drei bis vier Wochen ziehen lassen. Ab und zu schütteln, damit der Essig die Kräuter bedeckt, dann abseihen. Der Essig würzt nicht nur Salate. Als Gurgelwasser putzt er Bakterien weg, wenn eine Erkältung droht.

LAVENDEL

Lavandula angustifolia

Auf den sonnigen Hügeln rings um den Mont Ventoux in der Provence leuchten zur Blütezeit die violetten Lavendelfelder. Destillateure gewinnen daraus das duftende Lavendelöl, das heilt, pflegt, reinigt und der Seele guttut. Von alters her nutzt man Lavendel. Die Römer, als Experten in Sachen Wellness, gaben ihm den Namen von *lavare* – waschen.

Kurz & knackig

Wuchshöhe: 50–60 cm
Lebensform: mehrjährig
Frosthärte: frosthart
Standort: Sonne
Wasserbedarf: wenig gießen
Aussaat und Pflanzung:

J	F	M	A	M	J	J	A	S	O	N	D
			X	X					X		

So gelingt der Anbau

Standort und Boden

Lavendel mag einen sonnigen, trockenen Standort. Er gedeiht am besten in einem mageren, kalkhaltigen Boden, umgeben von Steinen. Was er nicht mag, sind Füße im Wasser.

Im Garten

Lavendel passt gut auf die Kräuterspirale. Auch im Beet oder als Einfassungspflanze kann man ihn pflanzen, wenn der Boden nicht zu lehmig ist. Lockern Sie den Boden tief und geben Sie Kalksplitt oder Sand hinein. Setzen Sie den Lavendel in offene Lagen, ohne direkte Nachbarn. Eine helle Mulchschicht aus Kalkschotter, Kies oder Muscheln sorgt für ein trockenes Kleinklima. Lavendel blüht dann üppiger.

Auf Balkon und Fensterbrett

Lavendel eignet sich für den Sonnenbalkon. Am besten wächst er in einem Terrakottakübel oder geräumigen Tontopf. Für das Substrat empfiehlt sich Dachgartensubstrat oder eine Mischung aus einem Drittel Gartenerde, einem Drittel Sand, Kalksplitt oder Tongranulat und einem Drittel gekaufter Topferde oder Kompost.

Pflege und Überwinterung

Der häufigste Fehler ist, dass man Lavendel zu viel gießt, vor allem im Topf. Bei Nässe bekommt er schwarzbraune Blätter und geht ein. Ein anderer Fehler ist ein saurer Boden, etwa durch Rindenmulch oder torfhaltige Blumenerde. Lavendel braucht einen alkalischen Boden. Geben Sie ihm daher alle zwei Jahre Magnesiumkalk und Gesteinsmehl.

Eine wichtige Pflegemaßnahme ist der Schnitt. Lavendel würde sonst verkahlen, das heißt, hauptsächlich knorrige Stämme bilden und wenig Blätter. Im April schneidet man die alten Stängel bis zur Basis, oberhalb des neuen Austriebs zurück – nicht ins alte

Besonderer Tipp

Die blauvioletten Lavendelsträucher kommen auf Terrassen, Steintreppen oder Steinmauern besonders gut zur Geltung. Da Lavendel immergrün ist, gibt er dem Garten in allen Jahreszeiten eine Struktur, zum Beispiel zwischen Blütenstauden oder Gräsern oder als Lavendelhecke. Wenn man an ihr entlangstreift, entströmt den Blättern und Blüten der feine Duft.

Holz schneiden. Nach der Blüte im Sommer erfolgt ein zweiter, leichter Formschnitt. Dabei entfernt man die welken Blütenstiele. Im Garten kann Lavendel mehrere Jahrzehnte alt werden.

AUS DER GLEICHEN FAMILIE

Echter Lavendel (*Lavandula angustifolia*) hat die beste Heilwirkung. Er kommt in seiner Heimat bis in 1600 Höhenmetern vor und eignet sich daher für den Anbau in rauen Lagen. Es gibt mehrere Züchtungen: Die altbekannte, bewährte Sorte *L. angustifolia* 'Hidcote Blue' hat eine tiefdunkle Blütenfarbe und einen kompakten Wuchs. 'Hidcote Pink' hat hellrosa Blüten. Ein weißblühender Lavendel ist 'Blue Mountain White'. 'Dwarf Blue' ist ein sehr schöner kompakt wachsender, robuster Lavendel mit violetten Blüten.

Provence-Lavendel (*L. × intermedia*) ist eine Kreuzung aus dem Echten Lavendel und dem Speick-Lavendel (*L. latifolia*), er wird auch Lavandin genannt. Gleichmäßig lange, schlanke Blütenähren sind das Markenzeichen dieser Hybride, die bis 80 cm hoch wird und breit ausladend wächst. Sie ist sehr ertragreich und wird in Südfrankreich zur Gewinnung des Öls angebaut. Aus dem Lavandin-Öl werden Kosmetik-, Duft- und Reinigungsprodukte hergestellt. Provence-Lavendel ist nicht ganz so frosthart wie der Echte Lavendel, aber gut zum Trocknen und für die Floristik geeignet. Die Sorte 'Arabian Nights' hat lange, dunkle Ähren. Von einem Züchter aus Südfrankreich stammt die pilzresistente Sorte 'Grosso' mit robustem Wuchs und auffallend große Blütenähren. Der Provence-Lavendel blüht 14 Tage später als der Echte und verlängert so die Blütezeit im Garten.

Speick-Lavendel (*L. latifolia*) hat lange, verzweigte Stängel und breite silbrige Blätter. Der Geruch ist stark, etwas nach Kampfer. Speick-Lavendel braucht Winterschutz. Der etwas niedrigere Schopf-Lavendel (*L. stoechas*) hat walzenförmige Blüten mit einem Schopf aus lila Blütenblättern. Sie duften honigartig süß. Schopf-Lavendel mag keinen kalkigen Boden. Er ist nicht winterhart.

RAN AN DAS KRAUT

Echter Lavendel ist reich an ätherischen Ölen, Gerb- und Bitterstoffen, Cumarinen, Flavonoiden und Rosmarinsäure. Er wirkt beruhigend auf das Zentralnervensystem, hilft bei Stress und fördert den Schlaf. Außerdem wirkt Lavendelöl vom Echten Lavendel

Lavendel wird im Garten gerne als duftende Kräuterhecke angebaut. Ein regelmäßiger Schnitt hält den mediterranen Halbstrauch in Form.

Die violetten, nach Honig duftenden Hochblätter sind das Markenzeichen des Schopf-Lavendels. Er kommt in Spanien, Portugal und auf den Kanaren wild vor.

desinfizierend und entzündungshemmend bei kleinen Wunden, Schürfungen oder Sonnenbrand. Es ist übrigens das einzige ätherische Öl, das pur auf die Haut gegeben wird. Ein Fläschchen sollte in keiner Reiseapotheke fehlen.

Lavendelblüten sind für vieles zu gebrauchen. Ich ernte die Blüten, wenn sie sich gerade geöffnet haben. Ich trockne sie, fülle sie in Stoffsäckchen oder verarbeite sie zu Seife. Und das geht so: Man raspelt Kernseife mit einer Reibe und mischt Lavendelöl und Blüten darunter. Alles kräftig durchkneten, bis eine homogene Masse entsteht. In Backförmchen drücken und trocknen lassen.

In der Küche kommt Lavendel immer gut an, auch wenn man ihn wegen des starken Aromas sparsam verwendet. Lavendel ist Bestandteil der Gewürzmischung *Herbes de Provence*, die zu Ratatouille, kräftigen Eintöpfen oder Lammfleisch passt. Ein paar Lavendelblüten geben einer Gorgonzolasauce das gewisse Etwas. Mein Favorit ist die Dessert-Küche mit Lavendel. Einen Sirup mit den Blüten stellt man ähnlich wie Zitronenverbenen-Sirup (Seite 133) her. Mit diesem Sirup lässt sich so manche Süßspeise verfeinern. Eine Creme aus Quark und Mascarpone gewinnt mit Zitronenzesten und Lavendelsirup an Finesse. Oder stellen Sie Lavendelzucker her. Dafür werden fein geschnittene Blüten mit der dreifachen Menge Zucker vermischt. Den Ansatz eine Woche ziehen lassen und zum Süßen von Muffins, Keksen oder Kuchen verwenden.

Lavendelkrokant zum Knabbern

Kürbiskerne oder Sonnenblumenkerne grob hacken und in einer Pfanne ohne Fett bei mittlerer Hitze rösten bis sie leicht braun sind. Pro Handvoll Samen etwa 1 EL Zucker dazugeben und ständig rühren. Sobald der Zucker geschmolzen ist, Lavendelblüten, etwas Salz und gemahlenen schwarzen Pfeffer unterrühren und sofort zum Abkühlen auf einen Teller geben. Das Rezept schmeckt auch mit gehacktem Rosmarin.

LIEBSTÖCKEL

Levisticum officinale

Ob Liebstöckel aphrodisisch wirkt, ist nicht bewiesen, auch wenn sein Name es suggeriert. Fest steht, dass die Blätter intensiv nach Maggi duften, sodass man süchtig danach werden kann – weshalb Liebstöckel auch Maggikraut genannt wird. Sein würziges Aroma rundet viele Speisen ab. Liebstöckel passt zu einem fit machenden Frühlingsquark, Smoothie, Salat oder ganz einfach aufs Butterbrot – und natürlich zu Suppen und Eintöpfen. Der stattliche Doldenblütler kann fast 2 m hoch werden.

Kurz & knackig

Wuchshöhe: 50–180 cm
Lebensform: mehrjährig
Frosthärte: frosthart
Standort: Sonne bis Halbschatten
Wasserbedarf: gleichmäßig gießen
Aussaat und Pflanzung:

J	F	M	A	M	J	J	A	S	O	N	D
			■	■					■		

SO GELINGT DER ANBAU

Standort und Boden

Liebstöckel braucht einen lockeren, nahrhaften Humusboden, der genügend Feuchtigkeit speichert. In einem dichten Lehmboden gedeiht er nicht. Ein Hochbeet ist ein guter Liebstöckelplatz. Liebstöckel mag lieber den Halbschatten als einen exponierten Platz in der vollen Sonne.

Im Garten

Pflanzen Sie Liebstöckel an eine Stelle, wo er sich ausbreiten kann. Er kann Nachbarkräuter durch seine Wurzelausscheidungen im Wuchs behindern. Sie können Maggikraut auch aussäen, aber meist lohnt sich eine Aussaat nicht, da eine Pflanze völlig ausreicht. Lockern Sie den Boden zuvor mit einer Grabegabel gründlich auf und geben Sie ein bis zwei Schaufeln Kompost ins Pflanzloch. Pflanzzeit ist im April oder alternativ im Oktober.

Auf Balkon und Fensterbrett

Liebstöckel wächst auch im Topf, sofern dieser groß genug ist. Sein Wuchs bleibt aber hinter dem im Garten weit zurück. Füllen Sie eine gute Topferde in das Gefäß und geben Sie Schafwollpellets dazu.

Pflege und Überwinterung

Liebstöckel ist ein Starkzehrer. Er ist dankbar für regelmäßiges Gießen und Nachdüngen, gerne in Form von Brennnesseljauche. Liebstöckel verträgt zwei bis drei tiefe Rückschnitte im Jahr. Dies regt den Neuaustrieb an und so hat man längere Zeit saftige Blätter für die Küche. Wie bei Petersilie sollte man beim Schneiden die Herzblätter aussparen.

Wenn Liebstöckel eingewurzelt ist, braucht er kaum Pflege. Anfangs wächst er langsam. Wenn die Bedingungen stimmen, legt er aber bald los und kann über 15 Jahre alt werden.

Sie können Liebstöckel gut durch Wurzelteilung vermehren. Man gräbt die Wurzel aus und verpflanzt die Teilstücke, die mindestens eine sichtbare Knospe haben sollten.

Aus der gleichen Familie

Der Schottische Liebstöckel (auch Schottische Mutterwurz, *Ligusticum scoticum*) bleibt bedeutend kleiner und ist für Balkongärten geeignet. Sein Aroma ist milder als das von Liebstöckel.

Ran an das Kraut

Am besten schmecken die leicht rötlich überlaufenen Blätter im Frühjahr, wenn sie frisch aus der Erde treiben. Später sind die Blätter härter und nicht mehr so lecker. Liebstöckel enthält ätherische Öle und Bitterstoffe. Sie wirken als Appetitanreger und fördern die Verdauung. Das Kraut passt gut zu Suppen, kräftigen Eintöpfen, Linsen, Fleischgerichten, Rührei, Salaten oder Gemüsegerichten. Liebstöckel harmoniert gut mit Sojasauce. Geben Sie die Blätter in den letzten Minuten der Garzeit dazu. Die aromatische Wurzel können Sie ebenfalls verwenden. Sie kann mitgekocht werden.

Liebstöckelsamen schmecken sehr herb und intensiv. Sparsam dosiert kann man damit Kräutersalz aromatisieren. Übrigens kommt Maggikraut gar nicht in der bekannten Suppenwürze vor.

Besonderer Tipp

Beim Rückschnitt großer Liebstöckelpflanzen sollten Sie langärmelige Kleidung und Handschuhe tragen. Denn wie manche Doldenblütler kann Liebstöckel im direkten Kontakt mit der Haut bei Sonneneinstrahlung phototoxische Reaktionen auslösen. Das können Rötungen, Jucken und Verbrennungen auf der Haut sein.

Kräutersole

Eine Kräutersole ist eine gute Methode, um Kräuter zu konservieren. Es handelt sich dabei um eine gesättigte Salzlösung, in der sich keine schädlichen Bakterien entwickeln. Man füllt 100 ml Wasser in ein Glas und gibt 30 Gramm Salz dazu. Den klein geschnittenen Liebstöckel oder beliebig andere Kräuter in ein ausgekochtes Schraubglas füllen und mit der Salzlake auffüllen. Die Kräutersole ist mehrere Monate im Kühlschrank haltbar. Portionsweise zum Würzen entnehmen.

LORBEER

Laurus nobilis

Lorbeerkränze galten einst als Symbol für ewiges Leben. Dichter, griechische Olympioniken und römische Feldherren trugen sie zur Ehrung auf ihren Häuptern. Heute hat Lorbeer eher kulinarische Bedeutung. Im Kübel kann man den immergrünen Strauch gut zur Selbstversorgung ziehen. Der Eigenanbau lohnt sich, denn frische Lorbeerblätter direkt vom Strauch schmecken anders als die getrockneten aus dem Supermarkt.

Kurz & knackig

Wuchshöhe: 100–200 cm
Lebensform: mehrjährig
Frosthärte: bedingt frosthart
Standort: Sonne
Wasserbedarf: mäßig gießen
Pflanzung:

J	F	M	A	M	J	J	A	S	O	N	D
			■	■							

SO GELINGT DER ANBAU

Standort und Boden

Lorbeer mag einen mineralischen, durchlässigen Boden. Das mediterrane Gehölz gedeiht bei uns in milden Gegenden sogar im Freiland und kann groß wie ein Baum werden. Vorausgesetzt, er steht an einem windgeschützten Platz, etwa in Häusernähe oder vor einer Steinmauer.

Im Garten

Vielleicht haben Sie einen Platz in einem sonnigen Innenhof vor einer Mauer oder bei einer Hecke. Lorbeer verträgt keine Staunässe. Setzen Sie ihn in einen eher kiesigen Boden. Einen Lehmboden sollten Sie vorher mit Sand und Schotter abmagern.

Auf Balkon und Fensterbrett

In einem Terrakottakübel gedeiht Lorbeer gut. Füllen Sie den Topf mit Dachgartensubstrat oder Kübelpflanzenerde, die Sie mit Splitt oder Kies vermischen. Lorbeer wächst gut auf einem Südbalkon.

PFLEGE UND ÜBERWINTERUNG

Etwas Dünger ab und zu, zum Beispiel eine Handvoll Schafwollpellets, hält den Lorbeer bei Laune. Denken Sie auch daran, ihn alle zwei bis drei Jahre in ein größeres Gefäß umzutopfen, damit er mehr Wurzelraum erhält. Eingewurzelte Lorbeersträucher können bis zu minus 10 °C aushalten. Lorbeer, der draußen überwintert, sollte man in den ersten Jahren bei Frost mit einem Gartenvlies einhüllen. Mobile Kübel können noch einige Zeit draußen bleiben und werden erst im Dezember ins Haus geholt. Ein Platz in einer hellen Garage, einem kühlen Treppenhaus oder in einem Wintergarten sind ideal. Nur so viel gießen, dass der Topf nicht austrocknet. Im Winterquartier können an Blättern und Stielen Schildläuse auftreten. Am besten reibt man mit einem nassen Lappen und Schmierseife Blatt für Blatt ab. Stark befallene Äste ganz abschneiden. Lorbeer verträgt im Allgemeinen den Schnitt sehr gut. Man kann ihn gut in Form schneiden. Selbst nach einem radikalen Rückschnitt bis zur Basis regeneriert er sich und treibt wieder neu aus.

Nur in milden Gegenden wächst Lorbeer draußen. Sonst pflanzt man ihn besser in einen Kübel und überwintert ihn an einem frostfreien Platz.

RAN AN DAS KRAUT

Lorbeerblätter kann man das ganze Jahr über frisch ernten. Die glänzenden, tannengrünen Blätter direkt vom Strauch sind eine Bereicherung in der Küche. Sie duften intensiv und haben ein frisch-würziges Aroma, leicht bitter und ein bisschen nach Eukalyptus. Getrocknet schmecken sie eher kräftig, vollmundig, ein bisschen nach Nelke. Beim Trocknungsprozess reifen nämlich die ätherischen Öle aus, das Bittere geht verloren. Nicht nur der Geschmack, auch die Anwendung von frischem und getrocknetem Lorbeer unterscheiden sich. Frischen Lorbeer sollte man erst am Schluss der Garzeit dazugeben und nicht zu lange erhitzen, sonst schmeckt er bitter. Beim trockenen Lorbeer ist es umgekehrt. Erst durch langes Garen werden die Aromen freigesetzt. So verwendet man ihn gerne zu allem, was lange Garzeiten hat, wie Schmorbraten, Rotkraut, Sauerkraut, Eintöpfe, Kartoffeln oder Linsengerichte. Ein Lorbeerblatt gibt man gerne in die Sauce bolognese oder Tomatensauce. Ergänzen Sie Lorbeer mit anderen Gewürzen wie Korianderkörnern, Nelken, Piment oder Wacholder. Sie harmonieren gut miteinander. Bekannt ist das *Bouquet garni*. Lorbeerblätter werden mit Thymian und Petersilie zu einem Kräuterbündel gefasst und bei Rindfleisch oder Huhn mitgekocht. Lorbeerblätter eignen sich zum Aromatisieren von Kräuteressigen oder -ölen.

MEERRETTICH

Armoracia rusticana

Meerrettich hat es in sich. Was beim Reiben so beißend scharf in der Nase kitzelt und Tränen in die Augen treibt, sind Senfölglykoside. Sie sind typisch für die Kreuzblütler und wirken als natürliche Antibiotika. Die Meerrettichwurzel putzt nicht nur die Atemwege frei, sondern stärkt auch das Immunsystem. Wussten Sie, dass man auch die Blätter verwenden kann? Sie treiben bereits früh im Jahr aus, gerade recht in der vitaminarmen Zeit.

Kurz & knackig

Wuchshöhe: 60–100 cm
Lebensform: mehrjährig
Frosthärte: frosthart
Standort: Sonne bis Halbschatten
Wasserbedarf: gleichmäßig gießen
Pflanzung:

J	F	M	A	M	J	J	A	S	O	N	D
		■	■						■	■	

SO GELINGT DER ANBAU

Standort und Boden

Meerrettich braucht tiefgründigen, sandig-lehmigen Boden, der gut mit Nährstoffen versorgt ist, einen sonnigen bis halbschattigen Platz und gleichmäßige Feuchtigkeit. Einmal gepflanzt wird Meerrettich zu einem Gartenbewohner, den man nicht mehr loswird. Daher unbedingt an einer abgelegenen Stelle im Garten ansiedeln.

Im Garten

Meerrettich wird im Herbst oder Frühjahr gepflanzt. Entweder man besorgt sich eine Jungpflanze in einer Gärtnerei oder setzt einfach ein Wurzelstück. Meerrettich wächst bei uns wild. Vielleicht gibt es die Möglichkeit, am Wegesrand ein Stück auszugraben. Lockern Sie vor dem Pflanzen den Boden mindestens 40 cm tief, füllen Sie Kompost ein und arbeiten Sie abgelagerten Mist oder organischen Dünger ein.

Auf Balkon und Fensterbrett

Ein Anbau auf dem Balkon ist möglich, jedoch sollte der Kübel mindestens einen Durchmesser von 30 cm haben und tief genug sein. Füllen Sie ein Gemisch aus Topferde, Sand und Kompost ein und fügen Sie organischen Dünger dazu. Halten Sie den Pflanzkübel gleichmäßig feucht.

Pflege und Überwinterung

Im Garten kann man Meerrettich sich selbst überlassen. Er braucht keine Pflege und regeneriert sich von alleine. Beim Ernten bleiben immer Wurzelstücke im Boden zurück. Daraus wachsen neue Pflanzen. Ab und zu eine Gabe Mistkompost oder organischer Dünger tut ihnen gut.

Möchte man lange, dicke Stangen ernten, wie man sie auf dem Wochenmarkt erhält, braucht es etwas mehr Aufwand. Schneiden Sie bei einer Mutterpflanze die Seitenwurzeln, die sogenannten Fechser, ab und kürzen Sie diese auf ungefähr 20 cm ein. Die Fechser werden schräg, etwa 5 cm tief in nahrhafte Erde gesetzt. Die Erde anhäufeln, gut gießen und im Laufe des Sommers nachdüngen. Damit nicht so viel Kraft in die Blätter geht, sollte man nur den stärksten Blattaustrieb stehen lassen.

Ran an das Kraut

Ab Ende Oktober, wenn die Blätter welk werden, gräbt man Meerrettichwurzeln aus. In einer Vorratsdose im Kühlschrank oder in einer feuchten Sandkiste im Keller bleiben sie lange haltbar. Meerrettich ist gesund. Die reichlich enthaltenen Senfölglycoside mit dem scharfen Geschmack wirken wie ein pflanzliches Antibiotikum. So hilft Meerrettich bei Infektionen der Atemwege und bakteriellen Harnwegsinfekten. Verarbeiten Sie Meerrettich zügig und reiben Sie ihn erst am Schluss, kurz bevor Sie ihn zu den Speisen geben. Wenn man Meerrettich reibt, verfliegt die Schärfe nämlich ziemlich schnell. Man kocht ihn niemals mit.

In Österreich heißt Meerrettich Kren. Zu Tafelspitz reicht man frischen Apfelkren. Er wird aus 3 EL geriebenem Meerrettich, 1 EL Apfelessig, 3 EL Öl, 1 geriebenem Apfel, Zucker, Salz und Pfeffer hergestellt. Zu geräuchertem Fisch oder zu Roter Bete passt hervorragend Sahnemeerrettich. Zur Immunstärkung reiben Sie einfach ab und zu etwas Meerrettich in den Salat.

Ab März treiben die jungen, zarten Meerrettichblätter aufs Neue aus. Im Mix zusammen mit anderen frühen Kräutern sind sie ein willkommener Vitaminschub im Salat, Kräuterquark oder Smoothie. Dank ihrer reichen Inhaltsstoffe sind sie pures Superfood!

Meerrettich-Rachenputzer

Dicker Kopf, Nase läuft, alles zu – das ist typisch für die Erkältungszeit. Um den Kopf freizubekommen und durchzuatmen, hat sich der Meerrettich-Rachenputzer bewährt. Sind Ingwer, Zitrone und Honig zur Hand, dann ist er schnell hergestellt. Und so geht's: Je 2 EL geriebene Meerrettichwurzel und geriebener Ingwer, 4 EL Honig und 1 EL Zitronensaft miteinander vermengen und mehrmals täglich 1 TL im Mund zergehen lassen.

Heimische Wildkräuter

Landläufig gelten sie als Unkräuter. Viele heimische Wildpflanzen jedoch stecken voller Vitalstoffe, sind supergesund und eine Bereicherung im Speiseplan. Statt sie am Straßenrand zu sammeln, wo sie vielleicht verunreinigt sind, pflanzt man sie in Töpfe und Kübel und hat sie in greifbarer Nähe.

VOGELMIERE (*Stellaria media*)

Vogelmiere schmeckt mild nussig, ein bisschen nach jungen Maiskolben. Man findet sie auf Baumscheiben, Böschungen oder in Weinbergen. Typisch sind der locker verzweigte Wuchs, die kleinen Blättchen und weißen Sternenblüten. Pflanzen Sie einen Ableger in humose Erde und halten Sie ihn feucht, bis er anwächst. Vogelmiere ist frosthart, man kann ganzjährig davon ernten.

BÄRLAUCH (*Allium ursinum*)

Bärlauch ist wohl das beliebteste Wildkraut. Er fühlt sich im Garten im Gehölzschatten wohl, kommt aber auch in einem Kübel zurecht, wenn er groß genug ist und feuchte Humuserde enthält. Man setzt im Herbst die Zwiebelchen etwa 15 cm tief in die Erde oder pflanzt bei beginnendem Austrieb Setzlinge in den Topf. Im Sommer zieht der Bärlauch ein.

GIERSCH *(Aegopodium podagraria)*
Das Aroma der jungen zarten Blätter erinnert an Sellerie und Petersilie. Schon im Mittelalter wurde er als Gemüse in den Klostergärten angebaut. Aber bitte nicht nachmachen! Pflanzen Sie Giersch niemals in Ihren Garten, Sie werden ihn nicht mehr los! Im Kübel hingegen bleibt Giersch unter Kontrolle. Einen Ableger beim Nachbarn zu bekommen wird kein Problem sein.

BRENNNESSEL *(Urtica dioica)*
Vitamin C, Magnesium, Kalium, Eisen, Carotinoide, Flavonoide, ungesättigte Fettsäuren – wenn man Brennnesseln in der Nähe hat, wird so manche Pille aus der Apotheke überflüssig. Mit Handschuhen ernten und mit einem Nudelholz darüberrollen, dann sind die Brennhaare kein Problem. Geben Sie der Brennnessel einen großen Kübel mit Komposterde und etwas Dünger.

LÖWENZAHN *(Taraxacum officinale)*
Ein Salat mit Löwenzahn hilft gegen Frühjahrsmüdigkeit. Die Blätter enthalten achtmal so viel Vitamin C wie Kopfsalat, außerdem Bitterstoffe, die die Verdauung anregen und Kalium, das entwässernd wirkt. Löwenzahn lässt sich leicht aus Samen ziehen. Ein Balkonkasten reicht aus. Einfach beim nächsten Spaziergang ein paar Pusteblumen einstecken.

MINZE

Mentha spec.

Minze muss man im Garten haben! Allein die vielen Aromen zu erschnuppern, ist reines Vergnügen. Die Vielfalt verdanken wir den Bastarden, also den Kreuzungen der Minzen untereinander. Pfeffrige Schärfe oder Schokolade gefällig? Oder lieber Zitrone, Erdbeere oder Köllnisch Wasser? Auch Apfel, Ananas oder Bergamotte sind im Angebot. Minzen – das sind sprudelnde Ideen für coole Sommerdrinks und Desserts.

KURZ & KNACKIG

Wuchshöhe: 30–80 cm
Lebensform: mehrjährig
Frosthärte: frosthart
Standort: Sonne bis Halbschatten
Wasserbedarf: gleichmäßig gießen
Pflanzung:

J	F	M	A	M	J	J	A	S	O	N	D
			■	■							

SO GELINGT DER ANBAU

STANDORT UND BODEN

Minze braucht frischen bis feuchten, humusreichen Boden. Auch im sandigen Lehm gedeiht sie gut. Sie wächst in Sonne wie im Halbschatten, aber die stärksten Aromen entwickelt sie in der Sonne.

IM GARTEN

Am besten geben Sie den Minzen einen ausreichend großen Platz, da sie sich mit ihren Wurzelausläufern stark ausbreiten. Falls nötig, kann man eine Rhizomsperre oder eine Umrandung anbringen. Da die Ausläufer aber direkt unter der Oberfläche liegen, sind sie leicht zu entfernen. Minze wird nicht durch Samen, sondern ausschließlich vegetativ vermehrt. Man setzt die Pflanze oder die gewonnenen Ableger in lockeren Boden, der mit Kompost versorgt wurde. Feucht halten.

AUF BALKON UND FENSTERBRETT

Minze gedeiht gut im Topf, wenn er groß genug ist. Ein Volumen von etwa 10 l ist ideal. Minze verträgt sich nicht mit sich selber. Sie will wandern, was im Topf schwierig ist. Daher sollte man sie alle zwei Jahre teilen und in einen neuen Topf mit frischer Erde setzen.

PFLEGE UND ÜBERWINTERUNG

Wie alle Stauden wird Minze im Frühjahr bodentief zurückgeschnitten. Im Sommer, zur Ernte, erfolgt ein zweiter, starker Rückschnitt. Dann treibt sie im Herbst noch einmal kräftig aus. Aber bitte ein paar blühende Stängel stehen lassen: als Insektennahrung! Nach dem Schnitt noch mal Kompost zugeben.

Minzen zu vermehren, ist einfach. An den meterlangen Wurzelsprossen, mit denen sie durch den Garten wandert bzw. im Topf ringsherum treibt, reihen sich Knospen, Blatttriebe und Wurzeln. Schneiden Sie solche Abschnitte ab und verpflanzen sie.

Der Minze wurde es zu eng im Topf. Ihre Wurzelausläufer suchen den Ausgang oder besser gesagt einen Platz mit frischer Erde.

AUS DER GLEICHEN FAMILIE

Es gibt unzählige Minzen. Um den Überblick zu behalten, kann man sie grob in drei Gruppen einteilen: mentholhaltige Minzen, würzige und fruchtige Minzen.

Die eigentliche Pfefferminze (*Mentha × piperita*) entstand in England aus der Kreuzung der Wasser-Minze mit der Ähren-Minze. Typisch für den Mentholgehalt ist das scharf-pfeffrige Aroma und der kühle Nachgeschmack. Die klassische Sorte 'Mitcham' ist eine feine Teepflanze, aber leider anfällig für Minzenrost. Daher empfehle ich die robusten neueren Züchtungen wie 'Agnes' und 'Pluto' oder die Thüringer Minze 'Multimentha'. Einen Geschmack wie After Eight hat die Schoko-Minze (*M. × piperita* 'Chocolate'). Pfefferminzen haben meist kräftiges, dunkelgrünes Laub.

Aus der Ährigen Minze bzw. Grünen Minze sind Sorten hervorgegangen, die sich besonders gut zum Kochen eignen. Die Urmutter ist die Englische Grüne Minze (*M. spicata*). Sie hat einen feinwürzigen Minzegeschmack ohne die dominante Mentholnote. Zu dieser Gruppe gehören auch die Marokkanische Minze (*M. spicata* var. *crispa*) und die Türkische oder Nane-Minze. Die Thai-Minze ist die ideale Zutat für asiatische Speisen.

Zu den fruchtigen Minzen gehört die Orangen-Minze (*M. × piperita* var. *citrata*) mit ihrem wunderbaren Bergamotte-Duft. Schwarztee mit Orangen-Minze schmeckt wie Earl Grey. Dessertminzen sind etwa Erdbeer-Minze, Ananas-Minze oder Apfel-Minze. Eine süße Limonen-Minze, die bereits viele Herzen erobert hat, ist 'Hillarys Sweet Lemon'. Von Ernest Hemingway ist die Mojito-Minze bekannt. Kärntner Minze (*M. × carinthiaca*) braucht man für die Kärntner Kasnudeln.

Ebenfalls den Namen „Minze" trägt eine andere botanische Gattung, nämlich die Bergminze *Clinopodium nepeta* (oft unter ihrem alten botanischen Namen *Calamintha nepeta* im Handel). Man verwendet sie weniger zum Tee, denn als Insektenweide mit erfreulich langer Blütezeit.

RAN AN DAS KRAUT

Der Mentholgehalt der Minze ist pure Medizin. Ein Pfefferminztee hilft bei Erkältung, Magenverstimmung und Übelkeit. An heißen Sommertagen wirken Getränke mit Minze erfrischend und belebend. Herrlich kühl läuft der Diabolo Menthe durch die Kehle, eine grüne Minze-Limonade aus Frankreich. In der Türkei trinkt man gerne Ayran, ein Joghurtgetränk mit Minzblättern. Für die Sommerparty eignet sich eine selbst gemachte Ingwer-Minze-Limonade. Dazu füllt man geriebene Ingwerwurzel, Rohrzucker, Zitronensaft und im Mörser zerstoßene Minzblätter in eine Karaffe und lässt das Ganze ein bis zwei Stunden mit Mineralwasser im Kühlschrank ziehen. Ein Sommergetränk muss aber nicht eiskalt sein. Auch ein Tee mit Minze kann erfrischen und den Kreislauf stabilisieren. So etwa der Nane-Tee, der rund ums Mittelmeer getrunken wird. Je nach Region besteht er aus Schwarztee oder Grüntee, Nane-Minze und viel Zucker.

Beim Kochen mit Minze sind England und die arabischen Länder führend. Minze, besonders die Marokkanische Minze, ist in leichten Sommergerichten unverzichtbar: in Joghurtsaucen, im Tabbouleh, in der kalten Gurkensuppe aus dem Iran, zu eingelegtem Schafskäse, zu Hackfleischbällchen. Ein wunderbarer Salat an heißen Tagen besteht aus Wassermelonen-Stücken mit Feta und Minze. Besonders gut passt das Aroma der Minze zu Rezepten mit Hammel- oder Lammfleisch.

Die fruchtigen Minzen eignen sich für alle Arten von Süßspeisen, so etwa zu Erdbeeren mit Quark, Sahne und Brownies. Auch Obstsalate, Eis oder Cremespeisen gewinnen mit ein paar Minzeblättern an Aroma. Und zum Schluss noch ein Tipp für Kindergeburtstage: selbst gemachtes After Eight. Dazu taucht man Pfefferminzblätter in geschmolzene Schokoladenkuvertüre und lässt sie erkalten.

Orangen-Minze duftet fein nach Bergamotte, Orange und Zitrone. In der Teemischung mit Schwarztee schmeckt sie wie Earl Grey.

Erste Hilfe bei Kopfweh

Die anästhesierende Wirkung von mentholhaltiger Minze ist nachgewiesen. Ein paar Pfefferminzblätter können bei Kopfschmerz Linderung bringen. Man nimmt zwei oder drei frische Blätter, quetscht sie zwischen den Fingern und tupft den austretenden Pflanzensaft auf die Stelle, wo es wehtut. Das Menthol wird durch die Haut aufgenommen. Im Gegensatz zum ätherischen Minzöl aus der Apotheke reizt der Pflanzensaft die Augen nicht.

OLIVENKRAUT

Santolina rosmarinifolia

Olivenkraut ist ein mediterraner Halbstrauch mit sattgrünen, nadelartigen Blättern und hellgelben Blütenknöpfen. Hobbyköchinnen und -köche haben das aromatische Kraut erst vor Kurzem entdeckt. Sein intensiver Duft nach Oliven brachte es in die mediterrane Küche. Dabei ist es mit dem Olivenbaum gar nicht verwandt. Sein Halbbruder ist das silbergraue Heiligenkraut mit dem starken, kampferartigen Aroma. Beide eignen sich für Dufthecken.

KURZ & KNACKIG

Wuchshöhe: 30–50 cm
Lebensform: mehrjährig
Frosthärte: bedingt frosthart
Standort: Sonne
Wasserbedarf: mäßig gießen
Aussaat und Pflanzung:

J F M A M J J A S O N D

SO GELINGT DER ANBAU

STANDORT UND BODEN

Olivenkraut mag einen warmen, geschützten Standort mit durchlässigem, kalkhaltigem Boden. Das Milieu sollte eher steinig und trocken sein, denn auf Wurzelnässe reagiert es empfindlich.

IM GARTEN

Ein guter Platz ist auf der Kräuterspirale, im Steingarten, auf einer Natursteinmauer oder -treppe. Die Anbaubedingungen für Olivenkraut sind ähnlich wie für Lavendel oder Salbei. Magern Sie den Boden vor dem Pflanzen mit Kies, Sand oder Kalksplitt ab. Olivenkraut eignet sich sehr gut für eine Duftheckе, mit der man ein Beet einfassen kann. Es hat einen straffen, halbkugeligen Wuchs. Wenn Olivenkraut regelmäßig geschnitten wird, was es sehr gut verträgt, bleibt es in Form. Noch kompakter wächst das silberne Heiligenkraut. Setzen Sie pro laufenden Meter zwei bis drei Pflanzen. Sie können beide Arten auch mischen.

Auf Balkon und Fensterbrett

Auch in einem Tongefäß auf einem Sonnenbalkon gedeiht Olivenkraut. Mischen Sie die Topferde mit Sand, Kalksplitt oder Tongranulat.

PFLEGE UND ÜBERWINTERUNG

Olivenkraut braucht kaum Pflege und wird nur mäßig gegossen. Der Schnitt ist wichtig. Schneiden Sie den Halbstrauch im Frühjahr auf ein Drittel zurück, aber nicht ins alte Holz. Im Sommer werden verblühte Stängel entfernt und das Kraut nochmals in Form geschnitten. Durch den Schnitt verhindert man, dass die Triebe in die Breite wachsen und umfallen. Olivenkraut ist bedingt winterhart. Bei Kahlfrösten schützen Sie es am besten mit Gartenvlies oder Tannenreisig. Das schützt auch vor der Wintersonne.

AUS DER GLEICHEN FAMILIE

Ein enger Verwandter ist das Heiligenkraut (*Santolina chamaecyparissus*). Es hat feine silbergraue Blätter und riecht stark harzig, ein bisschen wie Kampfer. Der Duft hilft, Insekten abzuwehren. Man kennt Heiligenkraut aus den Renaissance-Gärten, wo es als Einfassungspflanze Rabatten umgrenzt. Der Halbstrauch ist absolut schnittverträglich und wird im Frühjahr und im Sommer stark zurückgeschnitten. In rauen Lagen braucht er Winterschutz. Heiligenkraut ist eine Zierpflanze, man verwendet es nicht zum Kochen oder Würzen.

RAN AN DAS KRAUT

Verwenden Sie Olivenkraut frisch, dann ist das Aroma am besten. Trocken verliert es an Würzkraft. Wegen seines kräftigen, herben Geschmacks empfiehlt sich eine sparsame Dosierung. Olivenkraut ist ein Kraut zum Marinieren, zum Aromatisieren von Öl oder Kräuterbutter sowie für Pesto. Es passt überall da, wo auch Oliven gut passen würden. So etwa zu mediterranen Speisen, zu Fleisch- und Fischgerichten, in Tomatensauce, auf die Pizza, zu Pilzpfannen oder deftigen Eintöpfen. Gnocchi mit Olivenkraut ist ein einfaches Gericht: Gnocchi mit Butter in einer Pfanne braten, Olivenkraut und Cocktailtomaten dazugeben und am Schluss frisch geriebenen Parmesan darüberstreuen.

Heiligenkraut ist kein Küchenkraut, aber eine Pflanze, die wir in der Wohnung für Duft und Hygiene nutzen können. Reibt man an den Blättern, entströmt ein intensiver Kampfergeruch. In einen Trockenstrauß gebunden, zusammen mit Lavendel oder Eberraute, vertreibt es Insekten. Zur Verbesserung der Raumluft im Flur, im Bad oder auf der Toilette kann man Potpourris mit getrocknetem Heiligenkraut und Lavendelblüten aufstellen. Heiligenkraut ist auch eine bewährte alte Räucherpflanze.

Anderer Name, gleiche Pflanze

Man findet das Olivenkraut auch unter seinem alten botanischen Namen *Santolina virens* im Handel.

Ein starker, kampferartiger Duft ist das Markenzeichen des Heiligenkrauts.

OREGANO UND MAJORAN

Origanum spec.

Als Pizzakraut eroberte Oregano die Welt. Sein pfeffriges, leicht fruchtiges Aroma passt perfekt zu Tomaten. Die botanische *Origanum*-Gattung umfasst über 40 Arten. Dazu gehören unter anderem unser heimischer Dost, das Wurstkraut Majoran oder das arabische Za'atar. Alle Kräuter der Gattung stecken voller Aromen und Heilkräfte. Bienen, Hummeln und Schmetterlinge fliegen nur so auf ihre Blüten.

KURZ & KNACKIG

Wuchshöhe: 30–60 cm
Lebensform: mehrjährig
Frosthärte: frosthart
Standort: Sonne
Wasserbedarf: mäßig gießen, eher trocken halten
Aussaat und Pflanzung:

J	F	M	A	M	J	J	A	S	O	N	D
			■	■							

SO GELINGT DER ANBAU

STANDORT UND BODEN

Oregano braucht einen Platz in voller Sonne, denn erst dann entwickelt er seine Aromen. Er gedeiht gut in durchlässigen, kalkhaltigen Schotterböden, etwa auf der Kräuterspirale. Manche Arten wurzeln sogar in Ritzen und Fugen oder auf Steinmauern. Oregano kommt gut mit Trockenheit zurecht.

IM GARTEN

Pflanzzeit ist im April und Mai. Besser als aus Samen zu ziehen, besorgt man sich eine Pflanze. Die Erde lockern, Sand, Kies oder Splitt ins Pflanzloch einarbeiten.

AUF BALKON UND FENSTERBRETT

Für Balkon oder Terrasse empfiehlt sich ein Ton- oder Terrakottatopf. Besonders schön sehen kompakt wachsende Oreganosorten darin aus. Die Erde mit etwa 30 Prozent Lavagranulat, Sand, Kies oder Ziegelsplitt vermischen. Oregano ist eines der wenigen Kräuter, die auf einem Südbalkon gedeihen.

PFLEGE UND ÜBERWINTERUNG

Oregano ist genügsam. Die verwelkten Blütentriebe der Staude vor dem Austrieb im Frühjahr bodentief zurückschneiden. Nach der Blüte kann man Oregano nochmal stutzen. Nur mäßig gießen und Staunässe vermeiden. Oregano ist winterhart, im ersten Jahr der Pflanzung in rauen Lagen Winterschutz anbringen.

AUS DER GLEICHEN FAMILIE

Über 40 Arten und noch mehr Sorten gehören zur *Origanum*-Gattung. Der Griechische Oregano (*Origanum vulgare* subsp. *viridulum*) mit weißen Blüten ist das klassische Pizzakraut. Es hat stark pfeffrige, fast beißende Aromen. Eine Züchtung aus Amerika ist 'Hot & Spicy' und schmeckt noch

Anderer Name, gleiche Pflanze

Der Griechische Oregano trägt den furchtbar langen botanischen Namen *Origanum vulgare* subsp. *viridulum*. Kürzer ist sein alter Name *Origanum heracleoticum*, unter diesem findet man das Kraut ebenfalls im Handel.

schärfer. Za'atar ist der Name für eine beliebte Gewürzmischung aus dem Vorderen Orient und bezeichnet zugleich den Hauptbestandteil darin: den Arabischen Majoran oder Za'atar (*O. syriacum*). Er kommt ursprünglich aus dem Libanon und schmeckt ähnlich wie Oregano.

Dost oder Wilder Majoran (*O. vulgare*) kommt bei uns wild vor und ist eine traditionelle Heilpflanze. Sein Geschmack ist milder. Die üppigen rosa Blüten sind ein Schmetterlingsmagnet. Der Goldblättrige Oregano (*O. vulgare* 'Aureum') hat leuchtend gelbe Blätter und wächst polsterförmig. Eine kompakte Sorte ist 'Compactum'. 'Aureum' und 'Compactum' sehen im Garten attraktiv aus und eignen sich als Beeteinfassung. Hopfen-Oregano (*O. rotundifolium*) wirkt leicht und luftig. Mit seinen runden Blättern und rosavioletten Blüten ist er eine richtige Schönheit, zum Beispiel auf einer Steinmauer. Er ist zwar nur bedingt winterhart, sät sich aber selber aus.

Der Echte Majoran (*O. majorana*) ist nicht frosthart und wird bei uns einjährig gezogen. Er unterscheidet sich von den pfeffrigen Mittelmeer-Arten. Sein Aroma ist eher lieblich, blumig und leicht süß. Die Aussaat erfolgt im Mai. Ein empfehlenswertes Küchenkraut ist der ausdauernde Majoran. Er läuft unter der Bezeichnung Winterharter Majoran oder Sizilianischer Oregano (*O. × majoricum*) und ist eine Kreuzung zwischen Majoran und Oregano. Der Geschmack liegt in der Mitte, etwas mehr beim Majoran. Die Pflanze hat große Ähnlichkeit mit dem einjährigen Majoran, ist aber winterhart.

RAN AN DAS KRAUT

Oregano enthält die ätherischen Öle Carvacrol und Thymol, die antibakteriell wirken. Hinzu kommen Gerb- und Bitterstoffe. In den Wintermonaten ist ein Tee aus Oregano angenehm und heilsam. Er steigert die Immunkräfte und verschafft bei Bauchkrämpfen oder Husten Linderung. Verwenden Sie

Der Sizilianische Majoran ist eine prima Alternative zum Echten Majoran, der bei uns nicht winterhart ist. Sizilianischer Majoran ist frosthart und hat ein feines Majoran-Aroma.

Oregano, wenn er blüht. Dann entfaltet er die meisten Aromen. Er darf sogar welken, denn in trockenem Zustand intensivieren sich die Aromen sogar noch. Es lohnt sich also, Oregano in den Sommermonaten zu schneiden und einen Vorrat davon anzulegen.

Kulinarisch passt Oregano zu kräftigen, mediterranen Speisen. Es harmoniert besonders mit Zwiebeln, Knoblauch, Olivenöl und passt zu Gemüse, Lamm, Hackfleischbällchen und natürlich in die Tomatensauce. Im Gegensatz zu vielen anderen Kräutern wird Oregano mitgekocht. Nicht nur mit der Pizza ist Oregano eng verbunden, sondern auch mit Fladenbrot. Besonders in arabischen Ländern würzt man es gerne damit. Bevor das Brot in den Ofen geschoben wird, wird es mit einer Mischung aus Olivenöl und Oregano bestrichen.

Oregano eignet sich gut zum Einlegen von Schafskäse oder Oliven. Um den frischen Oliven ihre Bitterstoffe zu entziehen, schneidet man sie an und legt sie traditionell in Salzlake ein. Mit Oregano und Orangenschalen erhalten sie eine aparte Würze.

Mit ein paar blühenden Oreganostängeln kann man Öl aromatisieren. Auch ein Kräuter-Ghee oder -Butterschmalz wird mit Oregano würziger. Man gibt Butter in einen Topf, lässt sie langsam schmelzen und gibt getrockneten Oregano dazu. Alles sanft sieden lassen, öfter umrühren und den entstehenden Schaum an der Oberfläche abschöpfen, bis die Butter geklärt ist. Zum Schluss durch ein Sieb geben. Oregano-Ghee ist lange haltbar und zum Braten geeignet.

Beim Echten Majoran ist die Verwendung etwas anders. Hier werden die Blätter vor der Blüte geerntet und frisch verwendet. Man fügt Majoran erst am Schluss der Garzeit hinzu, denn das Aroma von Majoran verflüchtigt sich schnell. Das mild würzige Kraut passt gut zu allen Kartoffelgerichten, ob Kartoffelsuppe oder Bratkartoffeln. Ebenso zu Kürbissuppe, Linsen, Gulasch, Gans oder Leber. Die Thüringer Bratwurst und die Pfälzer Leberwurst erhalten mit Majoran erst ihren typischen Geschmack.

Hopfen-Oregano wächst leicht und luftig. Seine überhängenden, rosa-violetten Hochblätter sehen auf einer Mauerkrone attraktiv aus.

Oregano-Zitronen-Salz

Das Aroma von Oregano kommt in einem Kräutersalz gut zur Geltung. Schneiden Sie die oberen 10 cm blühender Oreganostängel. Streifen Sie Blätter und Blüten ab und hacken sie fein. Eine Bio-Zitrone waschen, trocknen, die Schale dünn abschälen und ebenfalls klein hacken oder mit einer Zestenreibe reiben. Alles mit grobem Meersalz vermischen und in eine Salzmühle füllen.

PETERSILIE

Petroselinum crispum var. neapolitanum

Petersilie darf bei der Selbstversorgung mit Kräutern nicht fehlen. Schon zu Uromas Zeiten spross das Kraut im Garten und hat sich bis heute bewährt. In der Küche ist Petersilie unkompliziert und vielfach einsetzbar. Im Anbau zeigt sie sich manchmal etwas launisch. Lassen Sie sich von gelben Blättern aber nicht entmutigen! Ändern Sie etwas im Anbau und starten Sie einen neuen Versuch.

Kurz & knackig

Wuchshöhe: 30–50 cm
Lebensform: zweijährig
Frosthärte: frosthart
Standort: Sonne, Halbschatten
Wasserbedarf: gleichmäßig gießen
Aussaat und Pflanzung:

J	F	M	A	M	J	J	A	S	O	N	D
		■	■	■	■	■					

SO GELINGT DER ANBAU

Standort und Boden

Petersilie braucht einen feuchten, durchlässigen Boden mit Nährstoffen. Ein Platz im Gemüsebeet oder Hochbeet ist ideal. Petersilie mag sich selber nicht, daher sollte man sie erst nach vier Jahren wieder an demselben Platz kultivieren. Sehr gut ist die Partnerschaft mit Tomaten, Basilikum oder Tagetes. Neben Kopfsalat sollte man Petersilie nicht pflanzen, denn sie hemmt das Wachstum des Salats.

Im Garten

Da Petersilie gut mit Kälte zurechtkommt, kann sie schon im März ausgesät werden. Eine Direktsaat von Petersilie ins Beet ist vorteilhaft, denn vor Ort gesäte Petersilie ist robuster. Säen Sie in Saatreihen, in die Sie zuvor ausgereiften, gesiebten Kompost geben. Das Kraut verträgt keinen frischen Kompost. Petersilie braucht drei bis vier Wochen zum Keimen. Daher ist eine Aussaat von schnell keimenden Radieschen in derselben Reihe als Markierung hilfreich. Da Schnecken die Keimlinge heiß begehren, sollte man einen Schneckenschutz anbringen. Um Schneckenattacken zu umgehen, kann man Petersilie natürlich auch an der Fensterbank vorziehen. Am besten sät man sie in Paper Pots aus. Dann kann man den Sämling später mitsamt dem Papiertopf verpflanzen, ohne dass er den Umzug groß mitbekommt. Denn ähnlich wie Koriander reagiert auch Petersilie empfindlich aufs Versetzen.

Auf Balkon und Fensterbrett

Petersilie ist ideal für die Kultur in einem Topf oder Balkonkasten. Petersilientöpfe aus dem Supermarkt sind für den nachhaltigen Anbau aber nicht geeignet. Sie sind kurzlebig. Sie wurden für den schnellen Verbrauch produziert, regenerieren sich kaum und verkümmern bald. In Gärtnereien wer-

Japanische Petersilie, Mitsuba, hat dreigelappte Blätter. Sie schmeckt milder als unsere Petersilie und wird traditionell bei Sushi und Tempura verwendet.

den im Frühjahr Setzlinge in Erdpresstöpfen angeboten. Sie haben einen kräftigen Wurzelballen. Werden sie zu Hause in größere Gefäße gepflanzt, gehen sie meist gut an den Start und legen bald los.

PFLEGE UND ÜBERWINTERUNG

Petersilie sollte man gleichmäßig, aber nicht zu viel gießen. Eine Bodenlockerung ab und zu tut gut. Manchmal werden die Blätter gelb oder die Pflanze stockt im Wachstum. Im Topf kann dies an Trockenheit oder Staunässe liegen. Im Beet können Bodenschädlinge wie etwa Nematoden die Ursache sein. Daher ist es wichtig, die Fruchtfolge einzuhalten. Eine Mischkultur mit Tagetes kann Nematoden vertreiben.

Petersilie ist winterhart. Um den Winter über ernten zu können, kann man sie geschützt, zum Beispiel unter einer Folie oder einem Vlies, kultivieren. Ab März, April treibt Petersilie kräftig aus und bildet viele Blätter. Wenn die Stängel mit den Doldenblüten erscheinen, geht der Lebenszyklus des zweijährigen Krautes zu Ende. Lassen Sie die Petersilienpflanze stehen, um den Samen zu ernten.

AUS DER GLEICHEN FAMILIE

Am bekanntesten ist die Krause Petersilie (*Petroselinum crispum* var. *crispum*), aber die Glatte Petersilie oder Italienische Petersilie (*P. crispum* var. *neapolitanum*) erfreut sich zunehmender Beliebtheit. Sie ist größer und kräftiger als die krause Schwester und hat größere Blätter. Außerdem schmeckt sie aromatischer und besitzt einen höheren Gehalt an ätherischen Ölen. Die Wurzel-Petersilie (*P. crispum* var. *tuberosum*) bildet dicke, weiße Wurzeln, die der Pastinake zum Verwechseln ähnlich sehen. Wurzel-Petersilie wird als Gemüse verwendet.

Japanische Petersilie, auch Mitsuba genannt (*Cryptotaenia japonica*), gehört zu einer anderen botanischen Gattung. Typisch sind die dreigeteilten rot oder grün glänzenden Blätter. Mitsuba schmeckt leicht nach Sellerie. Man verwendet sie für Miso-Suppe oder Tempura.

Besonderer Tipp

Regrow heißt eine Methode, Gemüsereste nachwachsen zu lassen. Mit der Wurzel-Petersilie geht das gut. Schneiden Sie die oberen 2 cm der Wurzel ab und legen Sie das Wurzelstück in ein Glas mit wenig Wasser. Das Wasser täglich wechseln, damit es nicht fault. Wenn sich Wurzeln gebildet haben, kultivieren Sie die Pflanze in einem Topf mit Erde weiter. Bald kann man die Blätter ernten. Regrow funktioniert auch mit Möhre, Lauchzwiebel, Stangen-Sellerie, Salat oder Roter Bete.

RAN AN DAS KRAUT

Petersilie kann man mehrmals ernten. Beim Schneiden lässt man das Herz stehen, so wachsen neue Triebe nach. Das Kraut enthält viel Vitamin C sowie Betacarotin, Eisen, Kalzium, Kalium und Folsäure. In Blüten und Samen enthält Petersilie aber auch das ätherische Öl Apiol, das in großen Mengen schädlich wirkt. Wenn Petersilie blüht, sollte man sie deshalb nicht mehr essen. Schwangere sollten mit Petersilie vorsichtig sein.

Es gibt kaum ein Kraut, das so perfekt mit anderen Kräutern harmoniert, wie die Petersilie. Sie überdeckt nicht die Aromen der anderen, sondern verstärkt sie sogar. Daher gibt es unzählige Kombinationen und Speisen mit Petersilie: Gemüsesuppen, Bratlinge, Salate, Dips und Saucen wie Salsa verde oder Gremolata, Kräuterquark und vieles mehr. In Rindfleischeintöpfen werden Petersilienstängel zum Klären mitgegart.

Im Mittelmeerraum und Vorderen Orient würzt man viele Speisen mit Glatter Petersilie. Aus dem Libanon stammt das Originalrezept für den Salat Tabbouleh: Man nimmt feinkörnigen Bulgur und lässt ihn in heißem Wasser aufquellen. Hinzukommen klein geschnittene Tomaten, Frühlingszwiebeln, Olivenöl, Zitronensaft und Salz. Am Schluss fügt man viel Glatte Petersilie und etwas Minze hinzu und vermischt alles miteinander. Tabbouleh ist ein idealer Snack für die Lunchbox, den man schon am Vortag zubereiten kann.

In der iranischen Küche wird ebenfalls viel mit Glatter Petersilie und überhaupt mit Kräutern gekocht. Zu fast jeder Mahlzeit serviert man die sogenannten Kräuterteller. Das sind Schälchen mit frisch gezupften Kräuterblättern. Die Mischung kann auch Radieschen oder Walnüsse enthalten. Man genießt sie als Vorspeise zusammen mit Schafskäse und Fladenbrot.

Persisches Kräuteromelette

Das Kräuteromelette Kuku Sabzi ist eine iranische Spezialität. Die Zutaten sind Petersilie, Dill, Koriander, Minze, Schnittlauch und Lauchzwiebeln. Man nimmt ein bis zwei Handvoll Kräuter pro Pfanne, verrührt sie mit Eiern und etwas Mehl zum Binden und backt das Rührei in der Pfanne aus. Nach Belieben kann die Mischung auch Berberitzen, Nüsse oder Knoblauch enthalten.

PORTULAK

Portulaca oleracea

Portulak oder Burzelkraut ist ein in Vergessenheit geratenes Wildgemüse aus der Mittelmeerregion. Vielleicht haben Sie das Wildkraut bereits im Garten entdeckt? Es breitet sich kriechend auf Wegen und zwischen Pflastersteinen aus. Seine dickfleischigen Blätter und Stängel enthalten Omega-3-Fettsäuren, Vitamin C, B-Vitamine und Mineralien. Das Kraut wird auch Sommer-Portulak genannt. Es ist nicht zu verwechseln mit Postelein oder Winterportulak, der in den Wintermonaten wächst.

KURZ & KNACKIG

Wuchshöhe: 15–30 cm
Lebensform: einjährig
Frosthärte: frosthart
Standort: Sonne
Wasserbedarf: mäßig gießen
Aussaat und Pflanzung:

J	F	M	A	M	J	J	A	S	O	N	D
				■	■	■					

SO GELINGT DER ANBAU

STANDORT UND BODEN

Portulak mag sandig-durchlässigen Boden mit etwas Humus. Das Kraut wächst gern an einem warmen, sonnigen Standort. Es gedeiht sogar in Steinritzen.

IM GARTEN

Man sät ihn ab Mai direkt vor Ort aus. Der Same keimt am besten bei Temperaturen um 25 °C. Den Boden mit Sand und etwas reifem Kompost anreichern. Den Samen nur schwach mit Erde bedecken. Portulak wächst rasch, bereits nach vier bis fünf Wochen sind die ersten Blätter schnittreif. Folgesaaten alle drei bis vier Wochen garantieren einen Nachschub an frischen zarten Blättern.

AUF BALKON UND FENSTERBRETT

Sommer-Portulak – und übrigens auch der Winterportulak – ist gut in Töpfen zu ziehen.

PFLEGE UND ÜBERWINTERUNG

Portulak ist hitze- und trockentolerant, da er in seinen sukkulenten Blättern Wasser speichern kann. Daher braucht man ihn nur in der Anfangsphase feucht zu halten. An warmen Standorten verbreitet er sich durch Selbstaussaat.

AUS DER GLEICHEN FAMILIE

Für den Anbau im Garten eignet sich die Kulturform des Portulaks, auch Gemüse-Portulak genannt (*Portulaca oleracea* subsp. *sativa*). Die im Handel erhältlichen Portulak-Samentütchen enthalten meist diese Unterart. Die Blätter sind etwas größer und wachsen üppiger.

Winterportulak, Postelein oder Tellerkraut (*Claytonia perfoliata*) ist mit dem Sommer-Portulak nicht verwandt. Er hat ebenfalls sukkulente Blätter, die etwas größer sind und tellerartig aussehen. Postelein gedeiht in einem sandigen Humusboden, der nicht zu trocken ist, in Sonne oder Halbschatten. Die Aussaat erfolgt im Herbst. Postelein ist der klassische Blattsalat für den Anbau im unbeheizten Gewächshaus oder Folientunnel, aber auch in Balkonkästen oder Hochbeeten, wo man ihn bei Bedarf mit Vlies abdecken kann. Schnee und Eis machen ihm nichts aus. Postelein wächst üppig und man kann ihn mehrmals schneiden.

RAN AN DAS KRAUT

Sommer-Portulak ist eher ein Wildgemüse als ein Würzkraut. Das Besondere an ihm: Er enthält Omega-3-Fettsäuren, die es sonst kaum in Kräutern gibt. Sie helfen, das Cholesterin zu senken. Portulak ist daher für eine gesunde Küche interessant. Außerdem ist er magenfreundlich und entzündungshemmend. Die jungen Blätter vor der Blütezeit schmecken am besten, sie sind leicht nussig, frisch-säuerlich und etwas salzig. Einfach auf einem Butterbrot oder im Kräuterquark verzehren. Sie sind auch ideal für einen grünen Smoothie. Man mixt die Blätter mit Banane, Mango und etwas Limettensaft. Durch ihre bissfeste, leicht knackige Konsistenz passen sie gut zu allen Arten von Salaten. Wenn man Portulak als Gemüse zubereitet, sollte man die Blätter nur ganz kurz andünsten, sonst schmecken sie bitter. Für ein Kräuteromelette dünstet man eine Handvoll Portulakblätter in einer Pfanne kurz an und gießt die Eimasse darüber.

Winterportulak oder Postelein enthält viel Vitamin C, Kalzium und Magnesium. Die dickfleischigen, saftigen, leicht säuerlichen Blätter kann man mit Zuckerhutsalat, Feldsalat oder Radicchio zu einem gesunden Wintersalat kombinieren. Als Gemüse dünstet man ihn nur ganz kurz an.

Anderer Name, gleiche Pflanze

Viele Gärtnereien führen Winterportulak noch unter seinem alten botanischen Namen *Montia perfoliata*.

Erfrischende Kaltschale mit Portulak

An heißen Tagen erfrischt eine Rote-Bete-Buttermilch-Kaltschale mit Portulak. Hierfür werden vorgekochte, abgekühlte Rote Bete und Salzgurken in Buttermilch püriert. Gerne etwas vom Gurkenwasser oder etwas Apfelessig dazugeben. Mit Salz und Pfeffer abschmecken. Portulakblätter mit gerade so viel Olivenöl pürieren, dass es eine homogene Masse ergibt und auf der Kaltschale verteilen.

Winterkräuter

Dass man Kräuter auch im Winter kultivieren kann, ist noch wenig bekannt. Im Topf oder Kasten auf einem hellen, vor Regen geschützten Balkon halten sich manche Arten auch bei strengen Minusgraden erstaunlich gut. Sie frieren ein und tauen einfach wieder auf, sobald es milder wird.

BARBARAKRESSE (*Barbarea praecox*)

Barbarakresse oder Winterkresse wächst bei uns wild, als Saatgut wird meist eine Kulturform angeboten. Sie schmeckt kresseartig, scharf und enthält viel Vitamin C. Am besten gelingt der Anbau unter Vlies oder im kalten Gewächshaus. Säen Sie das Kraut für die Winterernte bis Mitte September. Die Samen keimen schnell.

BLATTSENF & ASIA-SALATE (*Brassica juncea*)

Blattsenf-Sorten oder Asia-Salate sind schnellwüchsige Kohlgewächse mit scharfem, senfartigem Geschmack. Sie sind frosthart bis minus 10 °C. In Asien verwendet man sie im Salat, in Suppen und Wokgerichten. Empfehlenswert sind die Sorten 'Red Giant' mit großen, rot überlaufenen Blättern oder 'Mizuna', die ertragreich wächst und mehrmals geschnitten werden kann.

NOCH MEHR BLATTSENF & ASIA-SALATE

Für den Winteranbau auf dem Balkon können Asia-Salate noch bis Mitte September gesät werden, dann ab Februar wieder. Im Gewächshaus oder Folientunnel kann den ganzen Winter über gesät werden. Die Sorte 'Green in Snow' wächst im Winter rasch nach und ist sehr gesund. Der Blattsenf 'Moutarde Rouge Métis' hat fein gezackte, rote Blätter und ein mittelscharfes Senfaroma.

GARTEN-SCHAUMKRAUT, BEHAARTES SCHAUMKRAUT (*Cardamine hirsuta*)

Garten-Schaumkraut erkennt man an seiner zierlichen, ornamentalen Blattrosette und den kleinen, weißen Blüten. Das Wildkraut ist bei uns eingewandert. Wer es einmal entdeckt hat, sieht es überall: im Garten, zwischen Steinplatten oder in Pflanzkübeln. Es schmeckt wie Kresse und enthält Vitamine und Senföle.

POSTELEIN (*Claytonia perfoliata*)

Postelein oder Winterportulak ist ein ausgesprochenes Winterkraut. Es keimt erst bei Temperaturen unter 12 °C und ist frostfest bis minus 15 °C. Die Aussaat erfolgt von Ende August bis Anfang Oktober, dann ab Februar wieder. Winterportulak sollte man nicht düngen, denn bei zu viel Stickstoff sammelt sich in der lichtarmen Zeit in den Blättern Nitrat. Mehr zum Postelein erfahren Sie auf Seite 88.

ROSMARIN

Salvia rosmarinus

Reibt man einen Rosmarinzweig zwischen den Fingern, steigt ein Duft nach Pinie und Eukalyptus in die Nase und es ist, als ob eine frische Brise den Kopf durchpustet. Rosmarin wächst wild an den sonnigen Felsenküsten des Mittelmeeres, wo er die Meeresfeuchtigkeit der Nacht in den Blättern sammelt – daher sein Name: von lateinisch *ros maris*, „Tau des Meeres“. Rosmarin ist nur bedingt frosthart. Beachtet man einige Dinge, klappt ein Anbau auch in unseren Breiten.

Kurz & knackig

Wuchshöhe: 50–120 cm
Lebensform: mehrjährig
Frosthärte: bedingt frosthart
Standort: Sonne
Wasserbedarf: mäßig gießen
Pflanzung:

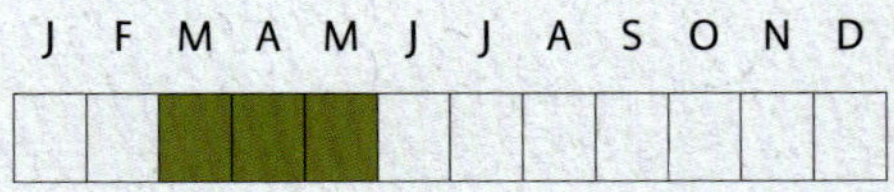

SO GELINGT DER ANBAU

Standort und Boden

Rosmarin mag einen sonnigen, windgeschützten Platz am besten vor einer sonnigen Steinmauer oder Hauswand oder an der Südseite der Kräuterspirale. Die Steine geben die nötige Wärme ab. Er wächst gut in einem durchlässigen, sandig-steinigen Boden, der Kalk enthält.

Im Garten

Am besten besorgt man sich eine Jungpflanze. Damit Rosmarin gut einwurzelt, möglichst schon im März, April pflanzen.

Anderer Name, gleiche Pflanze

Bitte nicht wundern, warum der botanische Name des Rosmarins mit *Salvia rosmarinus*, also als Salbei-Art, angegeben ist. Rosmarin wurde mittlerweile der *Salvia*-Gattung zugeordnet, findet sich in vielen Gärtnereien aber noch unter seinem alten botanischen Namen *Rosmarinus officinalis*.

Rosmarin mag keine Füße im Wasser. Pflanzen Sie ihn daher in einen gut drainierten Boden, wo das Wasser rasch abfließt. Wenn der Boden zu lehmig ist, sollten Sie ihn tief lockern und ein, zwei Eimer Sand oder Kies dazugeben. Etwas organischer Dünger oder gut verrotteter Kompost ist vorteilhaft.

Auf Balkon und Fensterbrett

Rosmarin ist in einem Terrakottakübel gut aufgehoben. Zum einen ist er luftdurchlässig, zum anderen frostfest. Verwenden Sie Dachgartensubstrat oder magern Sie die Topferde mit Sand, Kies oder Splitt ab. Geben Sie auch etwas Kalk und Gesteinsmehl dazu. Im Jungzustand kann man Rosmarin gut umtopfen, später ist das Verpflanzen schwierig. Daher sollte man von Beginn an einen ausreichend großen Topf von etwa 5–10 l Volumen wählen.

Besonderer Tipp

Rosmarin übersteht den Winter besser, wenn die Blätter im Herbst aushärten. Ab August sollte er keine Nährstoffe und nur noch wenig Wasser erhalten, damit keine neuen, zarten Blätter austreiben, sondern die alten Blätter reifen. Als „Frostschutzmittel" lagern sie jetzt Zucker und Eiweißstoffe in die Zellen ein, werden fester und härter.

PFLEGE UND ÜBERWINTERUNG

Wilde Rosmarinbüsche können bis zu 2 m hoch werden, aber das ist nur in milden Weinbauregionen der Fall. Ob ein Rosmarin gut durch den Winter kommt, hängt von mehreren Faktoren ab. Zum einen kommt es auf die Sorte an. Zum andern sind Kahlfröste ein Problem. Wenn bei Frost die Wintersonne scheint und der Wind die Verdunstung der Nadeln ankurbelt, vertrocknet der Rosmarin. Denn aus dem gefrorenen Boden kommt kein Wasser nach. Eine Schneedecke ist nicht gefährlich. Aber gegen Frosttrocknis sollte man Rosmarin mit Tannenreisig oder Vlies schützen. Das ist im ersten Winter nach der Pflanzung besonders wichtig. Ist er einmal eingewurzelt, übersteht er den Winter besser. Rosmarin verkraftet Frost bis minus 8 °C. Deshalb kann man den Kübel ruhig erst spät vom Balkon einräumen. Stellen Sie ihn hell, in feucht-kühle Raumluft, mit nicht mehr als 10 °C. Vielleicht an einem hellen Garagenfenster oder im kühlen Treppenhaus. Nur so viel gießen, dass er nicht austrocknet. Schon ab März kann er wieder nach draußen. Im Frühjahr etwas zurückschneiden und neue Topferde oder reifen Kompost dazugeben. Auch ein wenig organischer Langzeitdünger ist gut.

Bei drohenden Kahlfrösten ist es sinnvoll, den Rosmarin zu schützen. Mit einem Vlies gegen die Wintersonne und einer Laubpackung für die Wurzeln.

AUS DER GLEICHEN FAMILIE

Gärtnereien bieten Sorten von Rosmarin an, die auf Frosthärte gezüchtet sind und in unseren Breiten gut zurechtkommen. Zum Beispiel die Sorte 'Arp'. Sie kann Minusgrade bis minus 20 °C aushalten. 'Arp' hat hellblaue Blüten, ist sehr robust und wächst buschig bis 1,20 m. Die Sorte 'Weihenstephan' ist eine Auslese der Bayerischen Versuchsanstalt für Gartenbau. Sie schafft es bis minus 15 °C. Der kriechende Rosmarin 'Prostratus' wird nur 30 cm hoch und eignet sich für die Bepflanzung einer Mauerkrone, eines Hängetopfes oder Hochbeetes, wo er mit seinen ausladenden Zweigen über den Rand hinausklettert. Den kriechenden Rosmarin sollte man im Winter mit einem Vlies schützen.

Pinien-Rosmarin (*Salvia angustifolia*) hat dünne, weiche Nadeln, die hocharomatisch sind und nach Pinien schmecken. Für mediterrane Speisen ist er sehr geeignet. Er braucht ebenfalls in rauen Lagen Winterschutz.

RAN AN DAS KRAUT

Rosmarin ist reich an ätherischen Ölen, Kampfer und Bitterstoffen. Er fördert die Durchblutung, stimuliert den Kreislauf und stärkt Herz und Verdauung. Wer morgens ohne Kaffee in Schwung kommen möchte, kann es mit einer Tasse Rosmarintee versuchen. Auch nach einer Grippe, wenn der Organismus geschwächt ist, hilft ein Tee mit Rosmarin wieder auf die Beine. Da er auch auf die Psyche wirkt, spricht man von Rosmarin als einem Kraut für Mut und Zuversicht.

Da der Rosmarinstrauch immergrün ist, kann man das ganze Jahr über Zweige ernten. Ich verwende Rosmarin gerne frisch, denn das warme, südliche Aroma mit dem leichten Pinienduft kommt dabei besser zur Geltung als in getrocknetem Zustand. Ich schneide die Blätter klein und gebe sie erst in den letzten Minuten der Garzeit in den Topf. Natürlich kann man sie auch mitkochen, aber ich mag diesen frischen, kräftigen Geschmack von Rosmarin. Rosmarin ist eine Würze für herzhafte Speisen und passt gut zu Kartoffeln. Rosmarin-Bratkartoffeln schmecken köstlich. Fein sind auch Ofenkartoffeln oder Ofenkürbis mit etwas Olivenöl und Rosmarinzweigen. Das kräftige Aroma passt wunderbar ins Risotto, zu Tomatensaucen, zu überbackenem Ziegenkäse und vielem mehr. Rosmarin unterstreicht den Geschmack kräftiger Speisen. In Rotwein und Knoblauch geschmortes Kaninchen oder Lammkeule brauchen unbedingt ein paar Rosmarinzweige. Eine Idee für die Grillparty: Verwenden Sie die holzigen Rosmarinzweige als Spießchen für Tofu oder Fleisch.

Rosmarin braucht einen warmen, trockenen Standort wie etwa auf einer Kräuterspirale. Die Steinmauer im Rücken wirkt wie ein Kachelofen.

Sie können Rosmarin gut trocknen. Bewahren Sie die getrockneten Stängel als Ganzes auf und rebeln Sie die Blätter erst bei Gebrauch ab. In einem Mörser zerstoßen entfaltet sich ihr volles Aroma.

Starkes Getränk

Rosmarinwein macht wach und fördert die Konzentration. Außerdem stärkt er Herz und Verdauung. Für einen Rosmarinwein legt man zwei bis drei Stängel in eine Flasche trockenen Weißwein ein. Wer will, gibt ein Stück Ingwer und eine Zimtstange dazu. Den Ansatz etwa eine Woche verschlossen stehen lassen. Ab und zu schütteln. Durch ein Sieb geben und in eine hübsche Flasche füllen. Täglich vor dem Essen ein Likörgläschen trinken.

RUCOLA, SALAT-RAUKE

Eruca sativa

Ob auf Pizza, im Pesto oder im Salat – Rucola passt zu italienischen Speisen. Das Kraut schmeckt scharf-würzig und leicht nussig und enthält wertvolle Senföle. Die Römer brachten es einst nach Mitteleuropa. Rucola auszusäen, ist einfach. Er keimt rasch, wächst zügig und man kann ihn bald ernten. Interessant ist auch die gelb blühende Wilde Rauke, die bei uns wild vorkommt. Sie schmeckt ähnlich.

Kurz & knackig

Wuchshöhe: 40 cm
Lebensform: einjährig
Frosthärte: bedingt frosthart
Standort: Sonne bis Halbschatten
Wasserbedarf: gleichmäßig gießen
Aussaat und Pflanzung:

J	F	M	A	M	J	J	A	S	O	N	D
		■	■	■	■	■	■				

SO GELINGT DER ANBAU

Standort und Boden

Rucola wächst auf nahezu allen Böden, die einigermaßen durchlässig sind. Der Standort sollte nicht zu trocken sein.

Im Garten

Rucola ist unkompliziert im Anbau. Von Mai bis September kann man den Samen im Freiland aussäen. Im Gewächshaus oder im Folientunnel schon ab März. Der Boden sollte sich bereits etwas erwärmt haben. Säen Sie im Reihenabstand von 20 cm und geben Sie in die Saatrillen reifen Kompost. Der Same keimt bereits nach wenigen Tagen. Rucola wird von Schnecken verschont. Das große Problem sind aber Erdflöhe. Sie befallen gern Kreuzblütler wie Radieschen, Kohl und eben Rucola. Sie fressen kleine Löcher und durchsieben die Blätter geradezu. Machen Sie den kleinen Biestern das Leben schwer. Hacken Sie den Boden mehrmals durch und gießen Sie regelmäßig. Das mögen sie nicht. Auch das Stäuben von Algenkalk oder Gesteinsmehl soll abschreckend wirken. Sie können sich auch entscheiden, Rucola eher spät im Jahr anzubauen, wenn es kühler und der Boden feuchter ist und die Erdflöhe sich verabschiedet haben.

Auf Balkon und Fensterbrett

Eine gute Alternative ist der Balkonanbau. Hier kommen Erdflöhe nicht hin. Salat-Rauke im Topf oder Kasten anzubauen, hat noch einen anderen Vorteil: Das schnellwüchsige Salatkraut gedeiht hier in der Nähe zur Küche. Säen Sie den Samen in normale Kräutererde. Bereits drei bis fünf Wochen später kann geerntet werden. Um den Nachschub an frischen zarten Blättern zu sichern, sät man in Folgesaaten bis in den September hinein nach.

Rucola auf dem Balkon auszusäen bringt Vorteile gegenüber dem Gartenbeet, denn hier ist er vor Erdflöhen geschützt. Der Kasten wird im Winter mit Vlies abgedeckt.

PFLEGE UND ÜBERWINTERUNG

Wichtig ist es, gleichmäßig zu gießen. Nicht nur wegen der Erdflöhe. Rucola mag es feucht und die Blätter schmecken bei ausreichender Wassergabe nicht so bitter. Im Frühjahr oder Herbst kultivierter Rucola schmeckt oft milder und saftiger als der im Sommer. Man kann ihn im Gewächshaus oder Wintergarten sogar ganzjährig anbauen. Auch auf der Fensterbank können wir Rucola ziehen, ähnlich wie Kresse, als Microgreens. Allerdings kann Rucola in den lichtarmen Winterwochen Nitrat einlagern. Beim Indoor-Anbau sollte man darauf achten, dass das Kraut viel Licht bekommt, durch eine Pflanzenlampe oder einen sehr hellen Platz.

AUS DER GLEICHEN FAMILIE

Hinter dem Namen Rucola verbergen sich genau genommen zwei botanische Arten: Die einjährige Salat-Rauke (*Eruca sativa*), die in Italien Rucola genannt wird, und die mehrjährige Wilde Rauke (*Diplotaxis tenuifolia*), auch Schmalblättriger Doppelsame genannt, eine bei uns heimische Wildform. Beide sind Kreuzblütler. Während Rucola eher breite, gelappte Blätter hat und cremeweiße Blüten, hat die Wilde Rauke schmale, eingebuchtete Blätter und kräftig gelbe Blüten. Wilde Rauke schmeckt etwas intensiver als Rucola. Sie keimt ebenfalls recht schnell und wächst zügig. Nach dem Auflaufen wird das Pflänzchen auf 10–15 cm vereinzelt. Säen Sie Wilde Rauke in Sätzen aus, dann haben Sie immer junge Blätter, die geschmacklich besser sind als die älteren, die oft fest und zäh werden. Das Kraut ist frostfest und kann unter Vlies im Winter beerntet werden. Lässt man Wilde Rauke blühen und aussamen, wandert sie durch den Garten und breitet sich an Stellen aus, wo man es nicht vermutet. Das kann im Gemüsebeet, in sandigen Ecken, auf Schotter oder zwischen Trittsteinen sein. Möchte man die Ausbreitung verhindern, schneidet man rechtzeitig den Blütentrieb ab. Die Wasabi-Rauke (*Diplotaxis erucoides*) kommt in Südeuropa vor und schmeckt nach Meerrettich oder Wasabi.

RAN AN DAS KRAUT

Salat-Rauke und Wilde Rauke haben ähnliche Inhaltsstoffe. Beide enthalten Senfölglykoside, Vitamin C, Folsäure, Bitterstoffe und Betacarotin. Auch ihr pfeffriger, leicht nussiger Geschmack ist ähnlich. Für die angegebenen Rezepte kann man beide Arten verwenden. Am besten schmecken die jungen Blätter, später sind sie etwas hart und schmecken etwas scharf.

Rucola ist ein vielseitiges Küchen- und Salatkraut. Es harmoniert gut mit Basilikum, Dill, Kresse oder Minze und passt zu verschiedenen Salaten und kalten Speisen. Zum Beispiel zu Rote-Bete-Carpaccio: Dazu schneidet man rohe Rote Bete in hauchdünne Scheiben, fügt Schaf- oder Ziegenkäse dazu, Zitronensaft, Olivenöl und Walnüsse. Am Schluss kommen Petersilie und Rucola dazu. Aus Rucola, Pinienkernen und Olivenöl lässt sich ein herzhaftes Pesto pürieren und beispielsweise als leckeren Brotaufstrich verwenden.

Rucola ist ein klassisches Kraut der italienischen Küche. Ein paar Blätter auf der Pizza, auf der Tomatensauce oder in einem Tomatensalat sorgen für den mediterranen Geschmack. Ein Rucolasalat ist einfach und schnell zubereitet. Er ist eine beliebte italienische Vorspeise: Rucolablätter werden mit gehobeltem Parmesan, Pinienkernen, Olivenöl, Meersalz und einigen Spritzern Balsamico vermengt. Dazu reicht man Ciabatta. Rucola passt auch gut zu Spaghetti mit Gorgonzolasauce. Vielen Nudelgerichten verleiht Rucola eine kräftige, pfeffrige Note, besonders wenn Schafskäse und getrocknete Tomaten mit im Spiel sind.

Wilde Rauke ist eine gute Wahl für den nachhaltigen Kräutergarten. Sie wächst ausdauernd und durch ihre Blüten ist sie ökologisch wertvoll.

Selbstaussaat

Wilde Rauke versamt sich und wandert durch den Garten. Keimt sie an dem von ihr gewählten Standort, wächst sie gesund und pflanzt sich fort. So machen es auch Zitronenmelisse, Schnittlauch, Borretsch, Gewürz-Fenchel oder Muskateller-Salbei. Wenn wir ein Kräuterbeet anlegen, können wir diese Fortpflanzungsstrategie der Pflanzen nutzen. Wir setzen nur ein paar Initialpflanzen und warten die weitere Entwicklung ab. Manche Arten vermehren sich, manche verschwinden.

SALBEI

Salvia officinalis

Salbei kann im Garten sehr alt werden. Sein knorriger Stamm und seine filzigen, graugrünen Blätter schützen ihn vor Sonne und Auszehrung. So übersteht er Trockenheit und Hitzephasen und bietet dem Klimawandel Paroli. Die Regenerationskraft von Salbei ist erstaunlich. Schneidet man nach dem Winter die geschwächten Zweige zurück, treiben an der Basis neue Blätter aus. Power haben auch seine Inhaltsstoffe. Salbei war Arzneipflanze des Jahres 2023.

Kurz & knackig

Wuchshöhe: 60 cm
Lebensform: ausdauernd
Frosthärte: frosthart
Standort: Sonne
Wasserbedarf: mäßig bis kaum gießen
Aussaat und Pflanzung:

J	F	M	A	M	J	J	A	S	O	N	D
			■	■					■		

SO GELINGT DER ANBAU

Standort und Boden

Salbei ist genügsam. In einem kargen, steinigen Boden kommt er ebenso gut zurecht wie in einer Blumenrabatte oder sogar in nährstoffhaltigem, sandigem Lehm. Zur vollen Entwicklung der ätherischen Öle braucht Salbei einen Platz in voller Sonne.

Im Garten

Pflanzen Sie Salbei auf die Kräuterspirale oder ins Beet. Lassen Sie aber ringsum genügend Platz, denn Salbei entwickelt sich im Lauf der Jahre zu einem stattlichen Strauch. Im Kräutergarten setze ich ihn gerne als Leitpflanze und gruppiere die anderen Kräuter drum herum.

Auf Balkon und Fensterbrett

Salbei gedeiht auch gut im Terrakottakübel. Der Topf sollte mindesten 10 l Volumen haben. Die Erde vorher mit einem Drittel Sand, Splitt, Lava- oder Tongranulat abmagern. Salbei kann auch auf einem sonnigen Südbalkon stehen.

PFLEGE UND ÜBERWINTERUNG

Ein regelmäßiger Schnitt ist bei Salbei sehr wichtig. Er würde sonst vergreisen und brüchig werden. Im Frühling sollte man ihn stark zurückschneiden. Am besten setzen Sie die Schere kurz über dem neuen Austrieb an. Auf dem Balkon alle zwei bis drei Jahre umtopfen. Die Pflanze dabei einkürzen und die Wurzeln leicht zurückschneiden. Zur Verjüngung kann man Stecklinge bewurzeln lassen oder Ableger nehmen. Denn Salbei treibt oft lange Seitentriebe, die am Boden aufliegen – das sind Absenker. An der Kontaktstelle mit dem Boden wachsen Wurzeln. Das können wir nutzen und Salbei vermehren. Wir fixieren die Triebe an der Stelle, wo sie auf der Erde liegen mit einer Astgabel oder einem Stein. Wenn sich Wurzeln ge-

bildet haben, schneiden wir den Ableger von der Mutterpflanze ab, kürzen ihn ein und setzen ihn in neue Erde. Salbei ist weitgehend winterhart.

AUS DER GLEICHEN FAMILIE

MEDITERRANE ARTEN

Der Echte Salbei (*Salvia officinalis*) mit den graugrünen, schmalen Blättern ist der bekannteste. Sehr robust ist auch die Sorte 'Berggarten'. Die großen, rundlichen Blätter eignen sich besonders gut für Saltimbocca. Allerdings bringt sie kaum Blüten hervor. Der Marzipan-Salbei (*Salvia officinalis* 'Nazareth') ist ein besonders schöner Salbei mit feinem Aroma, der zum Räuchern gut geeignet ist. Er hat silbrig weiße, samtige, flaumig behaarte Blätter und blüht über und über. Dreifarbiger Salbei (*S. officinalis* 'Tricolor') und Gold-Salbei (*S. officinalis* 'Aurea') bringen rotviolette, weiße, und goldgelbe Farbtöne ins Kräuterbeet und sehen attraktiv aus. Übrigens, alle *Salbei-officinalis*-Sorten, auch die bunten, enthalten Arzneiwirkstoffe.

Spanischer Salbei oder Kleinblättriger Salbei (*S. lavandulifolia*) bleibt niedriger und

Blaue Holzbienen auf Muskateller-Salbei

Wer Muskateller-Salbei im Garten oder auf dem Balkon hat, wird sicherlich bald ein 2 cm großes, schwarzblaues Insekt beobachten, das von Blüte zu Blüte fliegt. Der imposante Brummer flößt im ersten Moment Respekt ein, aber keine Angst, er ist völlig harmlos. Es handelt sich um die Blaue Holzbiene, eine bedrohte Wildbienenart. Sie wird vom Muskateller-Salbei magisch angezogen. Sie kann ihn über eine Distanz von bis zu 4 km erspüren.

Die blauschillernde Holzbiene fliegt von Blüte zu Blüte des Muskateller-Salbeis. Dabei trägt sie den Blütenstaub weiter.

bildet kleinere Blätter. Eine interessante Art ist auch der zweijährige Muskateller-Salbei (*S. sclarea*). Er blüht im zweiten Jahr sehr üppig und treibt bis zu 1,20 m hohe Blütenstängel. Selbst wenn die Blüten welken, verströmen die hellvioletten Hochblätter noch lange Zeit einen intensiven harzig-zitronigen Duft.

TROPISCHE ARTEN

Die tropischen Salbeiarten haben meist fruchtige Aromen, zum Beispiel der Ananas-Salbei (*S. elegans*). Die Blätter duften sehr intensiv nach Ananas, wenn man sie nur leicht berührt. Die leuchtend roten Blüten erscheinen im Oktober. Sie sind eine kulinarische Entdeckung für Desserts und Salate. Wie alle tropischen Salbeiarten ist Ananas-Salbei nicht frosthart. Kultivieren Sie ihn daher im Kübel. Über Winter steht er hell, aber nicht zu warm im Haus und wird nur wenig gegossen.

RAN AN DAS KRAUT

Salbei ist ein Kraut mit eigenwilliger Note. Seine Blätter schmecken herb würzig und leicht bitter. Die reichlich vorhandenen äthe-

Ananas-Salbei blüht erst ab Oktober. Um die Blüten noch lange zu genießen, holt man den Kübel rechtzeitig vorm Frost ins Haus.

rischen Öle, Bitterstoffe und Gerbstoffe wirken antibakteriell und entzündungshemmend. Zu Erkältungszeiten ist ein frischer Salbeitee aus dem Garten oder vom Balkon heilsam und stärkt die Abwehr. Das Gurgeln mit einem starken Salbeitee hilft bei Zahnfleischentzündungen. Salbei ist auch ein beliebtes Räucherkraut. Der Rauch reinigt die Räume und neutralisiert schlechte Gerüche.

In der Küche verwenden Sie Salbeiblätter vorzugsweise frisch. Salbei ist immergrün und kann selbst im Winter geerntet werden. Am besten kombiniert man Salbei mit Kartoffelgerichten, Hülsenfrüchten oder Fleisch. Er harmoniert gut mit Knoblauch, Zwiebeln, Pfeffer, Ingwer oder Rosmarin. Wenn man Salbeiblätter in einer Pfanne frittiert oder in Butter brät, werden sie schön kross. Sie schmecken nussig und nicht mehr bitter. Nudeln, Kartoffeln oder Polenta erhalten einen besonderen Pfiff, wenn man am Schluss frittierte Salbeiblätter und Parmesan darübergibt. In der norditalienischen Küche kocht man gerne mit Salbei, zum Beispiel weiße Bohnen mit Salbei. Bekannt sind die Saltimbocca, kleine, mit Parmaschinken und einem Salbeiblatt gespickte Kalbsschnitzel. Der etwas herbe Salbeigeschmack braucht manchmal ein starkes Gegenüber, um nicht zu dominieren, Gorgonzola zum Beispiel. Bei den Gnocchi alla Lombarda bereitet man Gnocchi mit einer Sauce aus Butter, Gorgonzola und Salbeiblättern zu. Ein feines Rezept ist auch eine Tomaten-Aprikosen-Suppe, die mit Zwiebeln, Knoblauch und frischem Salbei zubereitet wird. Als Topping werden frittierte Salbeiblätter darübergestreut.

Zahnpflege mal anders

Eine „Salbei-Zahnbürste" reinigt und pflegt das Zahnfleisch und hilft bei Entzündungen. Am besten nimmt man dafür möglichst große Salbeiblätter vom breitblättrigen Salbei. Wickeln Sie das Blatt so um den Finger, dass die „Noppen" nach außen zeigen. Das Zahnfleisch damit sanft massieren. Beim Reiben werden die Zellen des Salbeis gequetscht und die Inhaltsstoffe freigesetzt.

SAUERAMPFER

Rumex acetosa

Wer es frisch und zitronensauer mag, wird Sauerampfer lieben. Gastronomen und Wildkräuterfans haben ihn längst für die feine Küche entdeckt und pflücken ihn gern im Frühling auf der Wiese. Für den Anbau im eigenen Garten oder auf dem Balkon eignet sich der Garten-Sauerampfer, eine Kulturform des wilden Krauts. Er treibt mehr Blattmasse als die Wildform und geht später in Blüte. Sauerampfer ist reich an Vitamin C.

Kurz & knackig

Wuchshöhe: 40 cm
Lebensform: mehrjährig
Frosthärte: frosthart
Standort: Sonne bis Halbschatten
Wasserbedarf: gleichmäßig gießen
Pflanzung:

J	F	M	A	M	J	J	A	S	O	N	D
			■	■							

SO GELINGT DER ANBAU

Standort und Boden

Sauerampfer braucht einen tiefgründigen, feuchten, nährstoffreichen Boden. Er bevorzugt einen Platz im Halbschatten.

Im Garten

Garten-Sauerampfer kann nur vegetativ vermehrt werden. Besorgen Sie sich eine Jungpflanze in einer Gärtnerei. Vielleicht ergattern Sie auch bei einem Nachbarn eine Pflanze durch Wurzelteilung. Sauerampfer passt gut an den schattigen Rand vom Gemüsebeet mit etwas Platz drum herum, denn Sauerampfer kann andere Gewächse im Wuchs hemmen. Bessern Sie den Boden zuvor mit reichlich Kompost auf und fügen Sie organischen Dünger hinzu. Unbedingt Schneckenschutz anbringen.

Auf Balkon und Fensterbrett

Sauerampfer ist eine unkomplizierte Balkonpflanze. Ein mittelgroßer Topf oder ein Balkonkasten genügt ihm. Sogar auf einem schattigen Balkon kommt er zurecht. Gepflanzt wird im April.

Wild-Sauerampfer oder Blut-Ampfer kann man im Gegensatz zum Garten-Sauerampfer auch aussäen. Die Anzucht erfolgt ab März auf der Fensterbank in Aussaatschalen. Die Samen keimen gut. Später setzt man die Pflänzchen einzeln oder in Gruppen in Töpfe mit nährstoffreicher Erde und stellt sie nach draußen.

PFLEGE UND ÜBERWINTERUNG

Wässern Sie Sauerampfer regelmäßig und düngen Sie im Sommer ab und zu nach. Wenn Sie rechtzeitig die Blütentriebe ausbrechen, zögern Sie die Blüte möglichst lange hinaus und ernten mehr Blätter. Nach der Blüte schneidet man die Pflanze komplett

zurück. Sie treibt neu aus. Schonen Sie dabei die Herzblätter. Sauerampfer ist pflegeleicht, robust und verträgt sogar Trockenheit. Er ist sehr frosthart, sollte aber im Winter nicht zu nass stehen und nur mäßig gegossen werden. Da er in milden Gegenden den ganzen Winter durchtreibt, ist er ein willkommenes, vitaminreiches Kraut für eine gesunde Küche im Winter. Bei Frost können Sie den Topf auch ins Haus holen und auf der Fensterbank antreiben.

Mit seinen roten Blattadern sieht Blut-Ampfer dekorativ aus, vor allem in Salaten, bunten Bowls oder Carpaccios.

AUS DER GLEICHEN FAMILIE

In Gartencentern oder Gärtnereien wird meist der Garten-Sauerampfer und nicht der Wiesen-Sauerampfer angeboten. Er bringt mehr Blattmasse und geht später in Blüte, was für die Kräuterkultur sehr praktisch ist. Die Inhaltsstoffe sind ähnlich wie die der Wildform. Zu empfehlen ist die Sorte 'Profusion'. Es ist eine Züchtung aus Kanada, die nicht in Blüte geht. Die Blätter sind größer als die der Wildform, dabei zart und man kann die ganze Vegetationsperiode davon ernten.

Der Blut-Ampfer (*Rumex sanguineus*) hat rot geaderte, große Blätter. Er fügt sich gut in ein Staudenbeet ein, ist aber auch prima für den Anbau im Topf geeignet. In der gehobenen Gastronomie wird er gerne für dekorative Salatteller verwendet. Sein Geschmack ist nicht ganz so sauer wie der des Garten-Sauerampfers.

Den Römischen Ampfer oder Schild-Sauerampfer (*R. scutatus*) haben die Römer einst in unsere Gärten gebracht. Der etwa 25 cm hohe Polster bildende Bodendecker mag einen sonnigen, warmen Standort und bevorzugt einen steinigen, mageren Boden. Im Topf wird es ihm bald zu eng. Besonders attraktiv ist die Schild-Sauerampfer-Sorte 'Silver Shield'. Sie hat silbrige, leicht gemusterte Blätter und sieht im Steingarten oder auf einer Mauer schön aus. Die sukkulenten Blätter sind sehr saftig und schmecken intensiv zitronensauer. Kinder naschen leidenschaftlich gerne Schild-Sauerampfer-Blätter.

RAN AN DAS KRAUT

Als die Zitrone in unseren Breiten noch unbekannt war, spielte Sauerampfer wegen der feinen Säure und des hohen Vitamin-C-Gehalts eine wichtige Rolle als Küchenkraut.

Kinder lieben Schild-Ampfer, weil er so saftig, frisch und zitronig schmeckt. Schild-Ampfer ist ein Küchenkraut zum Naschen und Entdecken.

In der französischen Küche ist das heute noch so. Dort verfeinern die zitronig sauren Blätter viele Gerichte mit Fisch, Meeresfrüchten oder Huhn. So etwa den *Saumon à l'oseille,* den Lachs mit Sauerampfersauce. Für die Sauce dünstet man klein geschnittene Sauerampferblätter in Butter leicht an, löscht mit Fischfond, Weißwein und Wermut ab und fügt Sahne hinzu.

Die zitronig sauren Blätter passen zu allen Speisen, wo eine frische Säure gefragt ist, wie zum Beispiel zu Blattsalaten, in Kräuterquarks oder Smoothies. In Sahnesüppchen geben die in feine Streifen geschnittenen Blätter eine besondere Note. Man sollte sie unbedingt frisch verarbeiten und erst ganz am Schluss dazugeben. Werden sie zu stark erhitzt, färben sie sich braun. Sauerampfer passt gut zu Rührei und Spiegelei. Er harmoniert mit anderen Frühjahrskräutern wie Kerbel, Dill oder Schnittlauch. In der Frankfurter Grünen Sauce ist er ein wichtiger Bestandteil. Besonders attraktiv sehen die roten Blätter des Blut-Ampfers aus, etwa in einem grünen Salat oder als Deko auf einer kalten Platte. Der Schild-Sauerampfer ist eine interessante Aromapflanze für Süßspeisen, zum Beispiel für ein Sauerampfereis.

Sauerampfer enthält Gerbstoffe, Flavonoide, Oxalsäure, Eisen, Carotin und reichlich Vitamin C. Frische Sauerampferblätter werden in der Volksheilkunde besonders im Frühjahr verwendet. Eine Frühjahrskur zusammen mit Bärlauch und Brennnesseln wirkt harntreibend und blutreinigend und stärkt das Immunsystem. Sauerampfer fördert die Magen- und Gallensaftsekretion. Schwere Speisen werden mit klein geschnittenen Sauerampferblättchen verdaulicher.

Maßvoller Gebrauch

Sauerampfer enthält Oxalsäure, die die Aufnahme von Kalzium in den Knochenstoffwechsel hemmt. Man sollte ihn daher nicht regelmäßig und nicht über einen längeren Zeitraum verzehren. Auch während der Schwangerschaft ist Zurückhaltung angesagt. Ein Tipp: Verwenden Sie Sauerampferblätter zusammen mit Milch, Sahne oder Frischkäse. Das Kalzium in den Milchprodukten bindet die Oxalsäure und trägt dazu bei, dass sie gemildert wird.

SCHNITTLAUCH

Allium schoenoprasum

Schnittlauch gehört zu den Lauchgewächsen wie Zwiebeln, Knoblauch oder Bärlauch. Schon am Geruch erkennt man die Schwefelverbindungen, die als natürliche Antibiotika wirken und unser Immunsystem stärken. Besonders in der Erkältungszeit sind daher Schnittlauch, Winterhecken-Zwiebel oder Schnitt-Knoblauch willkommen. Gut, dass man sie sogar im Winter am Fensterbrett antreiben kann.

Kurz & knackig

Wuchshöhe: 20–25 cm
Lebensform: mehrjährig
Frosthärte: frosthart
Standort: Sonne bis Halbschatten
Wasserbedarf: gut gießen
Aussaat und Pflanzung:

J	F	M	A	M	J	J	A	S	O	N	D
	■	■	■	■	■	■					

SO GELINGT DER ANBAU

Standort und Boden

Schnittlauch braucht feuchte, nahrhafte, humose Erde. Als Starkzehrer mag er Bedingungen, wie sie im Gemüsebeet oder Hochbeet herrschen. Andererseits kommt er in einem kargen Boden genauso zurecht, sodass man ihn als extensive Dachbegrünung nutzen kann.

Im Garten

Sie können Schnittlauch ab Februar in Schalen ansäen und ihn ab April auspflanzen. Der Samen sollte nicht älter als ein Jahr sein. Oder Sie besorgen sich eine Pflanze. Schnittlauchtöpfe aus dem Discounter sind aber für einen dauerhaften Verbleib im Beet nicht geeignet. Besser sind Töpfe aus einer Kräutergärtnerei. Pflanzen Sie Schnittlauch an den Rand vom Gemüsebeet und geben Sie gut verrotteten Kompost dazu. Als Mischkulturpartner zu Möhren hilft er, die Möhrenfliege zu vertreiben. Aufgrund ihrer Blüten sind Schnittlauchpflanzen ökologisch und ästhetisch wertvoll im Garten, ob als Bienenweide oder Beetumrandung.

Auf Balkon und Fensterbrett

Schnittlauch gedeiht gut im Topf. Topfen Sie den gekauften Schnittlauch gleich in ein größeres Gefäß um. Es empfiehlt sich, in die Erde einen organischen Langzeitdünger wie etwa Schafwollpellets zu geben.

PFLEGE UND ÜBERWINTERUNG

Schnittlauch sollte man gleichmäßig feucht halten, vor allem in heißen Sommerperioden. Man kann ihn mehrmals schneiden, er treibt nach. Zur Blütezeit lässt man die Stängel bis zum Verblühen für die Insekten stehen. Dann schneidet man sie zurück und düngt die Erde. Schnittlauch mag es, wenn man ihn alle zwei bis drei Jahre teilt und verpflanzt. Ein guter Zeitpunkt ist das Frühjahr oder nach der

Besonderer Tipp

Auch wenn Schnittlauch ein nahrhaftes Beet bevorzugt, kommt er auf einem mageren, trockenen Standort genauso gut zurecht – sogar als Dachbegrünung! Wenn wir ihn nicht ernten, sondern einfach wachsen und blühen lassen, versamt er sich und etabliert sich auf einem Garagendach von ganz alleine. Aus ein paar gepflanzten Setzlingen wird im Lauf der Jahre eine blühende Schnittlauchwiese.

Blüte. Pflanzen Sie Schnittlauch aber nicht an dieselbe Stelle oder direkt nach anderen Lauchgewächsen. Denn sie sind nicht mit sich selbst verträglich. Um im Winter Schnittlauch zu ernten, treibt man ihn auf der Fensterbank an (Seite 31).

AUS DER GLEICHEN FAMILIE

Schnittlauch-Sorten mit hohem Zierwert sind zum Beispiel Purpur-Schnittlauch (*Allium schoenoprasum* 'Forescate'), eine Züchtung aus England. Mit ihren auffallenden, purpurrosa Blütenbällen ist sie für Beetumrandungen oder das Staudenbeet geeignet. Ebenso attraktiv mit weißen Blüten ist die Sorte 'Elbe' oder die etwas zierlichere 'Corsican White'. Alle Sorten haben dieselben Aromen und Küchenqualitäten wie der gewöhnliche Schnittlauch.

Der Kantige Lauch (*A. angulosum*) ist ein altes, heimisches Zwiebelgewächs, das dem Schnittlauch sehr ähnlich sieht. Die Stängel sind kantig, die Blüten rosa.

Schnitt-Knoblauch (*A. tuberosum*) hat andere Blätter als der normale Schnittlauch. Sie sind nicht röhrenförmig, sondern flach und schmecken nach Knoblauch. Im Herbst bildet er weiße, kugelförmige Blüten, die blumig süß und scharf zwiebelig schmecken. Die späte Blütezeit macht das Kraut wertvoll als Insektennahrung. Schnitt-Knoblauch, der im Spätherbst ausgegraben und eingetopft wird, treibt im Haus bei 10–12 °C.

Die Winterhecken-Zwiebel oder Winter-Zwiebel (*A. fistulosum*) bildet keine Zwiebeln, sondern dicke Röhren, die bereits im Februar austreiben. Die Blätter ziehen bei Frost ein, aber in milden Wintern unter einem schützenden Vlies schiebt sie auch während der Wintermonate ihre sattgrünen Röhren.

Die Ewige Zwiebel oder Etagen-Zwiebel (*A.* × *proliferum*) ist eine in Vergessenheit geratene Bauerngartenpflanze. Sie setzt an ihren Stängeln statt Blüten Brutzwiebeln an, die wiederum durchtreiben und neue Triebe mit Zwiebelchen ansetzen. Und das geht immer so weiter, bis zu mehreren Etagen. Das ungewöhnliche Gewächs zieht bei starkem Frost ein, aber unter einem Vlies bleibt es auch im Winter grün. Ernten kann man die Brutzwiebeln und Schloten nahezu ganzjährig.

Der Spätherbst ist die Zeit für den Schnitt-Knoblauch. Die Kugeln mit den reinweißen Blütensternen erstrahlen, wenn sonst kaum noch etwas blüht.

Die Etagen-Zwiebel ist im Handel kaum erhältlich. Meist wird sie von Garten zu Garten getauscht. Mittels Brutzwiebelchen wird sie vermehrt.

RAN AN DAS KRAUT

Grün, fest und saftig sollen die Röhren sein, dann entfaltet Schnittlauch sein Aroma am besten. Verwenden Sie Schnittlauch deshalb immer frisch und lassen Sie ihn nach dem Schneiden nicht lange Zeit liegen. Im Kontakt mit Sauerstoff verfliegen nämlich sein Aroma und seine Wirkstoffe. Schnittlauch ist sehr gesund. Wie Zwiebeln und Knoblauch enthält er wertvolle Schwefelverbindungen, die die Gefäße reinigen, Herz- und Kreislauferkrankungen vorbeugen und Cholesterin senken können. Außerdem ist Schnittlauch reich an Vitamin C, A, B2 und Mineralien wie Kalzium, Magnesium und Eisen. Das trifft nicht nur auf Schnittlauch zu, sondern auf alle hier beschriebenen *Allium*-Arten. Übrigens kann man von ihnen alles essen: die Schloten, die Blüten und die Brutzwiebelchen.

Die Zwiebelwürze passt zu unzähligen Speisen. Zu hellen Saucen und Spargelgerichten sind die Schnittlauchröllchen ein Muss – zum Schluss drüberstreuen. Bei Fischgerichten, Kohlrabi, Rührei, Dips, Kräuterquark oder Brotaufstrichen sorgt Schnittlauch für knackige Würze. Gemüse-, Kartoffel- oder Kürbissuppen werden damit verfeinert. Schnittlauch sollte man niemals mitkochen. Denn wird er erhitzt, färbt er sich braun.

Besonders zu Salaten passen die Zwiebelkräuter hervorragend. Zum Beispiel zu einem Orangen-Zwiebel-Salat: Man schält Orangen und schneidet sie in feine Scheiben, dünn geschnittene Zwiebelringe dazugeben und mit Essig, Öl, Salz und Pfeffer anmachen. Zum Schluss fein geschnittene Röhren von Schnittlauch oder Winterhecken-Zwiebeln dazugeben.

Blüten zum Reinbeißen

Schnittlauchblüten auf einem Salat, Rührei oder Quark sehen nicht nur appetitlich aus, sie schmecken auch fein. Der Geschmack ist irgendwo zwischen Zwiebelschärfe und süßem Nektar. Wie Schnittlauchblüten können auch die Blüten von Schnitt-Knoblauch, Borretsch, Kapuzinerkresse, Ysop, Minze und Basilikum in einer kreativen Küche verwertet werden, als essbare Garnituren auf Salaten, Bowls, Fingerfood und vielem mehr.

SCHNITT-SELLERIE

Apium graveolens var. secalinum

Schnitt-Sellerie stammt von der Wildform des Selleries ab. Er bildet keine Knolle, sondern zahlreiche Stiele mit dunkelgrünen, glänzenden Blättern, die wie Glatte Petersilie aussehen. Sie schmecken stark aromatisch, ein bisschen zwischen Sellerie und Petersilie. Schnitt-Sellerie ist frosthart und treibt noch lange im Spätjahr Blätter – eine kräftige Suppenwürze, die noch in den Wintermonaten zu ernten ist.

KURZ & KNACKIG

Wuchshöhe: 40–60 cm
Lebensform: zweijährig
Frosthärte: frosthart
Standort: Sonne bis Halbschatten
Wasserbedarf: gleichmäßig gießen
Aussaat und Pflanzung:

J	F	M	A	M	J	J	A	S	O	N	D
		■	■	■	■	■					

SO GELINGT DER ANBAU

STANDORT UND BODEN

Schnitt-Sellerie braucht einen feuchten, humosen und nährstoffreichen Boden in Sonne oder Halbschatten. Er wächst gut in einem Gemüsebeet oder in der feuchten Zone am Rand von Gewässern. Auf der Kräuterspirale ist sein Platz in der Feuchtzone.

IM GARTEN

Die Aussaat empfiehlt sich ab März in Schalen auf der Fensterbank. Schnitt-Sellerie ist ein Lichtkeimer. Die Samen brauchen drei bis vier Wochen, bis sie keimen. Die Sämlinge rechtzeitig pikieren, damit sie kräftig wachsen. Im Freiland sät man Schnitt-Sellerie ab Mai aus. Zu dicht stehende Sämlinge ausdünnen. Alternativ besorgt man sich eine Pflanze aus der Gärtnerei, das geht schneller. Zuvor den Boden mit reichlich Kompost verbessern und etwas organischen Dünger dazugeben.

Schnitt-Sellerie ist ein guter Mischkulturpartner im Gemüsebeet. Mit seinem Duft wirkt er gegen Pilze und Bakterien bei Kohlpflanzen und hilft, Schädlinge fernzuhalten. Pflanzen Sie einige Setzlinge im Wechsel mit Kohlrabi oder Brokkoli ins Gemüsebeet.

Auf Balkon und Fensterbrett

Auch im Kübel kann man Schnitt-Sellerie kultivieren. Eine gute Topferde mit etwas organischem Dünger und falls vorhanden Wurmkompost verhelfen zu einem guten Wachstum.

Pflege und Überwinterung

Den Sommer über braucht Schnitt-Sellerie regelmäßig und reichlich Wasser. Auch eine leichte Düngung ist hilfreich, zum Beispiel mit Brennnesseljauche. Schnitt-Sellerie ist zweijährig. Im ersten Jahr bildet er eine dichte Blattrosette. Im Herbst, wenn es kälter wird, treibt er noch einmal kräftig aus. Selbst nach ein paar frostigen Nächten erholt er sich wieder. So kann man bis in den Winter hinein Blätter ernten. Im Frühjahr des Folgejahres schießt er dann auf und blüht.

Aus der gleichen Familie

Der Chinesische Sellerie oder Thai-Sellerie ist eine asiatische Variante des Stangen-Sellerie (*Apium graveolens* var. dulce). Er wird auch Kintsai genannt und in Asialäden büschelweise verkauft. Die Stängel sind kleiner und zarter als die vom Stangen-Sellerie. Die Sorte 'Chinese Pink Celery' hat rosa-violette Stiele. Als Gemüsesnack sehen sie auf dem Teller umwerfend aus. Man kann Thai-Sellerie selber anbauen. Spezialisierte Gärtnereien bieten Samen an. Er keimt gut und wächst zügig.

Ran an das Kraut

Schnitt-Sellerie enthält ätherische Öle, Flavonoide, Vitamine und Mineralien. Am besten sind die jungen, frisch getriebenen Blätter. Sie schmecken sehr aromatisch. Reifere Blätter haben eine bittere Note und werden zur Blütezeit ledrig und fast ungenießbar. Schnitt-Sellerie eignet sich für kräftige Speisen, Eintöpfe, Linsengerichte oder Gemüsebratlinge. Die Blätter dürfen bei der Garzeit mitköcheln. Wie Liebstöckel ist Schnitt-Sellerie ein ausgesprochenes Suppengewürz. Für ein Suppen- oder Kräutersalz nimmt man fein geschnittene Schnitt-Sellerie- oder Liebstöckelblätter und mischt sie mit Salz. Auf 100 g Kräuter kommen 30 g Salz.

Auch in Salate passt das kräftige Kraut. So etwa bei diesem angenehm frischen Sommersalat: Man nimmt Gemüse-Fenchel, Stangen-Sellerie, Eisbergsalat, Apfelschnitze, Rucola und Schnitt-Sellerie. Das Gemüse in feine Scheiben schneiden und mit dem Salat und den Schnitt-Sellerie-Blättern vermengen. Das Ganze mit Olivenöl, Zitronensaft, Honig, Salz und Pfeffer anmachen. Zum Schluss gehobelten Parmesan darübergeben.

Selber gemachte Gemüsebrühe

Aus Schnitt-Sellerie und Gemüse kann man eine Suppenwürze herstellen. Dazu schneidet man Schnitt-Sellerie-Blätter, Karotten und eine Lauchstange klein und gibt alles in einen Mixer. Alles gut mit Salz vermengen. Bei 1 kg Gemüse mischt man 300 g Salz unter. In Gläser füllen und im Kühlschrank aufbewahren. Man kann die Masse auch ohne Salz bei maximal 42 °C im Backofen trocknen lassen und wenn sie vollständig trocken ist, fein pürieren. So erhält man eine Gemüsebrühe in Pulverform.

THYMIAN

Thymus vulgaris

Die Garrigue in Südfrankreich ist die Heimat des wilden Thymians. Zwischen Kalkstein und Geröll wächst dort der knorrige, kleine Strauch und trotzt Sonne und Wind. An Hitzetagen verdunsten seine ätherischen Öle. Dann liegt ein kräftiger, erdiger Duft in der Luft. Aus dem Mittelmeerraum brachten ihn Mönche über die Alpen zu uns. Längst ist Thymian in unseren Gärten etabliert und hat einen festen Platz als Küchenkraut und Arzneipflanze.

Kurz & knackig

Wuchshöhe: 15–30 cm
Lebensform: mehrjährig
Frosthärte: frosthart
Standort: Sonne
Wasserbedarf: mäßig gießen
Aussaat und Pflanzung:

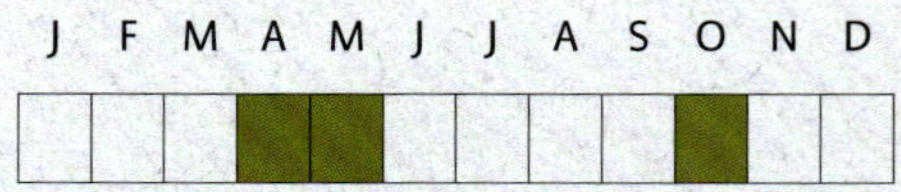

So gelingt der Anbau

Standort und Boden

Thymian braucht einen sonnendurchfluteten, warmen Platz, der seinem Heimatstandort nahekommt. Er mag es trocken und steinig und wünscht etwas Abstand zu den Nachbarpflanzen. Im mineralischen Milieu entwickelt er die meisten ätherischen Öle.

Im Garten

Pflanzen Sie Thymian in durchlässigen Boden. Lehmboden muss mit Sand oder Schotter abgemagert werden. Ein Platz im Steingarten oder auf der Kräuterspirale, sogar in einer Mauerfuge ist ideal. Setzen Sie ihn direkt an einen Stein. Zur Anzucht können Sie Thymian auf der Fensterbank aussäen. Nicht mit Erde bedecken, er ist Lichtkeimer.

Auf Balkon und Fensterbrett

Gekaufter Thymian aus dem Gartencenter wurde im Gewächshaus in Torfsubstrat angezogen. Auf Dauer überlebt er in diesem Substrat nicht. Verpflanzen Sie ihn deshalb gleich in ein größeres Gefäß, am besten aus Ton oder Terrakotta und füllen Sie es mit Erde, die zur Hälfte mit Sand, Splitt oder Tongranulat abgemagert ist.

Pflege und Überwinterung

Auch wenn Thymian ein Trockenkünstler ist, muss er zunächst einmal anwachsen. Deshalb im ersten Jahr in Hitzephasen das Gießen nicht vergessen. Später kommt er mit sehr wenig Wasser zurecht. Im Winter dürfen die Wurzeln nicht im Nassen stehen. Der Garten-Thymian kann auf dem Balkon überwintern. Die frostempfindlicheren bunten Thymiane sollte man im Haus bei 0–10 °C überwintern. Wie alle mediterranen Halbsträucher braucht Thymian einen regelmäßigen Rückschnitt. Damit fördert man einen neuen Blattaustrieb. Am besten schneidet man ihn nach der Blüte. Garten-Thymian

Vom Zitronen-Thymian gibt es verschiedene Sorten. Ob gelbgrün, weißrandig oder silbern - die Blättchen verströmen ein kräftiges Zitrusaroma.

Einen Duftteppich anlegen

Die niedrigen Thymiane wie Kümmel-Thymian oder Matten-Thymian eignen sich gut, um einen Duftteppich anzulegen. Der Untergrund sollte sandig und durchlässig sein. Er kann auch Kies oder Schotter enthalten. Für einen Duftrasen setzt man zehn bis 15 Pflanzen pro Quadratmeter. Wenn die Thymiane eingewurzelt sind und genügend trittfeste Ausläufer gebildet haben, kann man ohne Probleme darauf laufen. Schön sehen die Teppich-Thymiane übrigens auch zwischen Trittsteinen aus.

wird nicht sehr alt. Alle vier bis fünf Jahre pflanzt man ihn neu. Nachwuchs kann man mit Stecklingen ziehen.

AUS DER GLEICHEN FAMILIE

Vom Thymian gibt es zahlreiche Arten und Sorten. Der bei uns übliche Garten-Thymian oder Echter Thymian (*Thymus vulgaris*) ist eine Kulturform des wilden, mediterranen Typs. Eine schöne, kompakte Sorte ist 'Compactus'. Sie hat einen dichten, kugeligen Wuchs und eignet sich als Topfpflanze auf dem Balkon. Bei uns heimisch ist der Echte Quendel (*T. pulegioides*). Er wird auch Arznei-Thymian genannt, denn er ist reich an heilsamen Inhaltsstoffen. Er wächst auf Magerrasen in Bergregionen und liebt eher kalkarme Böden.

Der Zitronen-Thymian (*T. × citriodorus*) ist wohl das beliebteste Thymian-Küchenkraut. Er entstand aus einer Kreuzung des Echten Thymians mit dem Arznei-Thymian. Er hat rosa Blüten, kleine, rundliche Blätter und bildet etwa 25 cm niedrige lockere Polster. Es gibt Varianten mit gelbgrünem oder weiß umrandetem Laub, etwa die Sorten 'Lemon', 'Silver Queen' oder 'Aureus'. Zitronen-Thymiane sind etwas empfindlicher und brauchen Winterschutz. Sie sind als Balkonpflanzen gut geeignet. Orangen-Thymian (*T. fragrantissimus*) hat graugrüne Blätter und duftet fruchtig nach Orange.

Manche Thymiane wachsen teppichartig. Der heimische Sand-Thymian (T. serpyllum) wird nur 5–10 cm hoch. Er liebt sandigen, kalkarmen Boden. Zur Blütezeit bildet er purpurfarbene Blütenteppiche, ein Eldorado für Bienen, Hummeln und Schmetterlinge. Der kriechende Kümmel-Thymian (*T. herba-barona*) wird nur etwa 5 cm hoch. Sein Aroma ist würzig, kümmelähnlich. Es

An einem sonnigen Tag zur Blütezeit muss man nicht lange warten. Bald landen Falter auf dem Polster des Sand-Thymians wie der Kleine Fuchs.

gibt eine zitronige Auslese davon: *Thymus herba-barona* var. *citriodorus*. Kümmel-Thymian passt gut auf die Kräuterspirale, wo seine Triebe über den Stein kriechen. Mit seinen festen, drahtigen Ausläufern eignet sich Kümmel-Thymian für einen trittfesten Kräuterteppich.

Dann wäre da noch der Niedergestreckte Thymian, besser bekannt als Matten-Thymian (*T. praecox*). Er kriecht flach über den Boden, wird höchstens 3–5 cm hoch und blüht intensiv magentarot. Er ist ein absoluter Schmetterlingsmagnet.

RAN AN DAS KRAUT

Im Prinzip können Sie das ganze Jahr über Thymian schneiden, denn er ist immergrün. Aber am besten schmecken die blühenden Zweige, die man im Sommer schneidet. Dann sind auch die meisten Inhaltsstoffe enthalten. Thymian ist reich an ätherischen Ölen, insbesondere Thymol und Carvacrol. Sie wirken antibakteriell und immunstärkend. Thymian ist daher in vielen Husten- und Erkältungstees enthalten.

Thymian ist auch ein kräftiges Würzkraut für die Küche. Frisch schmeckt er pfeffrig, ein bisschen nach Pinien- und Tannennadeln. In getrocknetem Zustand überwiegt sein erdiges Aroma. Für mediterrane Gerichte, für herzhafte Speisen wie Lamm, Wild, Sauce bolognese, Linsengerichte und Schmorgemüse ist Thymian genau das Richtige. Versuchen Sie einmal Steinpilze mit Thymian und dem Abrieb einer Zitronenschale.

Thymian, Majoran, Rosmarin, Bohnenkraut und Lavendelblüten sind der Grundstock für die *Herbes de Provence*. Bekannt ist blühender Thymian mit Lorbeer und Petersilie als *Bouquet garni* zum Mitgaren für Fleisch und Fisch. Die Anwendung von Thymian ist unproblematisch. Man kann ihn schon am Anfang der Garzeit zugeben oder erst am Schluss, je nach Belieben.

Zitronen-Thymian sollte man nicht mitkochen, da sein Aroma verloren geht. Zitronen-Thymian ist ein wunderbares Kraut. Es bringt einen frischen Geschmack in Salate, zu Fisch, Huhn oder zu asiatischen Speisen. Auch in Desserts kommt Zitronen-Thymian gut zur Geltung.

Oxymel

Oxymel ist ein Kräuterauszug auf Basis von Honig und Essig. Er wird auch Sauerhonig genannt (von griechisch oxy: sauer und mel: Honig). Es gibt viele Varianten. Ein Thymian-Oxymel hilft gegen Husten und Erkältung. Und so geht's: Geben Sie einen Teil Thymian, einen Teil Apfelessig und drei Teile flüssigen Honig in ein Glas. Den Ansatz drei bis vier Wochen bei Zimmertemperatur ziehen lassen. Abfiltern und in ein sauberes Schraubglas füllen. Als Sirup oder im Salatdressing verwenden.

WERMUT

Artemisia absinthium

Echter Wermut ist reich an Bitterstoffen. Nimmt man nur ein winziges Blättchen auf die Zunge, schmeckt man es sofort. Er steckt auch voller ätherischer Öle. Seine starken, komplexen Aromen weisen auf die Verwendung als Appetitanreger und Verdauungskraut hin. Wermut ist in vielen Bitterlikören und Schnäpsen enthalten: von Martini, Vermouth oder Cinzano bis zum hochprozentigen Absinth, dem Kultgetränk der Bohemiens um 1900, das heute wieder im Kommen ist.

Kurz & knackig

Wuchshöhe: 80–120 cm
Lebensform: mehrjährig
Frosthärte: frosthart
Standort: Sonne
Wasserbedarf: mäßig gießen
Pflanzung:

J	F	M	A	M	J	J	A	S	O	N	D
			■	■					■		

SO GELINGT DER ANBAU

Standort und Boden

Wermut stammt von den Bergen am Mittelmeer. Er gedeiht an einem vollsonnigen Standort im mageren bis nährstoffreichen Boden. Wie alle Artemisien wächst er sowohl in steinigen Schotterböden als auch in lehmigen Böden, die einigermaßen durchlässig sind. Wermut ist sehr trockenheitsresistent.

Im Garten

Wermut wächst sehr robust und wird ein großer, silbergrauer Strauch, der viel Platz um sich braucht. Er verträgt sich kaum mit anderen Pflanzen. Über seine Wurzeln scheidet er Stoffwechselprodukte aus, die die Nachbarpflanzen im Wachstum hemmen. Allein die Mischkultur mit Johannisbeeren wirkt sich positiv aus. Wermut schützt Johannisbeeren vor Rost. Am besten geben Sie Wermut einen Platz am Rand vom Garten, wo er sich ausbreiten kann. Für Topf oder Kübel ist der Echte Wermut nicht geeignet, Provence-Wermut ist für Balkon oder Terrasse die bessere Wahl.

PFLEGE UND ÜBERWINTERUNG

Durch einen regelmäßigen Schnitt erhält man Wermut jung und vital und verhindert, dass er verholzt. Im Frühjahr sollte man ihn um etwa ein Drittel zurückschneiden. Echter Wermut ist frosthart.

AUS DER GLEICHEN FAMILIE

Es gibt ein großes Spektrum an *Artemisia*-Arten. Beifuß (*Artemisia vulgaris*) kommt bei uns als Unkraut vor. Auf Schutthalden, an Bahndämmen oder am Wegrand ist er sehr verbreitet. In den Garten gelangt er von alleine und breitet sich leicht durch Samen aus. Er wird über 1,50 m hoch. Beifuß ist ein bedeutendes Frauenheilkraut und hilft bei Menstruationsbeschwerden. In der Küche

Das Nobelpreis-Kraut

Artemisia annua ist weltweit die einzige Pflanze, zu deren Erforschung ein Nobelpreis vergeben wurde. Die chinesische Pharmakologin Tu Youyou erhielt ihn 2015 für ihre Forschung über die medizinische Wirkung von *Artemisia annua*. Sie extrahierte Artemisinin, einen Wirkstoff aus dem einjährigen Beifuß, der erfolgreich gegen Malaria eingesetzt wird.

Einjähriger Beifuß ist ein traditionelles Kraut der chinesischen Medizin und ein anerkanntes Malariamittel. Seine Wirkung bei Covid-19 wird noch erforscht.

ist es ein traditionelles Gewürz für Gans. Es macht fette Speisen bekömmlicher. Seine Inhaltsstoffe sind nicht so bitter wie die von den anderen Artemisien.

Eberraute (*A. abrotanum*) ist eine alte Klosterpflanze, die bis zu 1 m hoch werden kann. Der robuste, buschige Halbstrauch mit moosgrünem, filigranem Laub, ist sehr schnittverträglich und eignet sich als Strukturpflanze im Garten. Als Kräuterhecke ums Gemüsebeet vertreibt sie Schädlinge. Ihr Aroma ist herb-zitronig, ein bisschen nach Cola. Eberraute hat das Potenzial für ein immunstärkendes Kraut. Aktuell werden dazu Studien durchgeführt. Der Colastrauch (*A. alba*), auch Kampfer-Wermut genannt, ist eine Unterart der Eberraute und eine sehr attraktive Pflanze. Die Blätter sind grau und fedrig, die Pflanze hat einen straffen, kompakten Wuchs. Es ist die Artemisie mit dem feinsten Aroma. Wenn man nur leicht über sie streicht, entströmt es fruchtig, süß, moschusartig und zitronig.

Der etwas niedrigere Provence-Wermut (*A. gallica*) ist für Balkon und Terrasse gut geeignet. Mit seinem silbrig weißen Laub sieht er attraktiv aus. Er ist Grundlage vieler französischer Kräuterliköre. Eine ausgesprochene Schönheit ist die weißsilbrige *Artemisia ludoviciana*, die im Staudenbeet oder zusammen mit Rosen eine gute Figur macht.

Der einjährige Beifuß *Artemisia annua* ist eine alte chinesische Heilpflanze. Vor Kurzem wurde sie wegen ihrer Bedeutung als antivirale Arzneipflanze in Zusammenhang mit Covid auf einen Schlag weltberühmt. Man sät *Artemisia annua* direkt ins

Beet oder Hochbeet. Sie wächst rasch und üppig und kann bis zu 1,80 m hoch werden.

RAN AN DAS KRAUT

Die Kräuter aus der Gattung der Artemisien weisen allesamt starke Inhaltsstoffe auf, wie etwa Thujon, die in großen Mengen leicht toxisch wirken können. Schwangere sollten damit sehr vorsichtig sein. Aber im richtigen Maß genossen, sind die Kräuter mit ihren starken ätherischen Ölen, Vitaminen, Gerb- und Bitterstoffen eine gute Quelle für die eigene Hausapotheke. Bitterstoffe sind heute rar geworden. Sie wurden aus Gemüse, Obst und Salaten weitgehend weggezüchtet. Sie fehlen aber in einer gesunden, ausgewogenen Ernährung. Denn das Bittere tonisiert, schont den Darm und stimuliert die Immunzellen. Wermut stärkt nicht nur die Verdauung, sondern auch das Herz. Wenn man unter einer starken Grippe leidet, kann so ein Kraut genau das Richtige sein – nur nicht unter dem Motto „viel hilft viel". Wermut wird in ganz geringer Dosierung angewendet. So kommt in eine Tasse Tee nur eine Spur davon hinein.

Aufgrund ihrer Duftkomponenten von streng-herb bis süß-moschusartig eignen sich Artemisien sehr gut für Liköre. Bekannt ist der Aperitifwein oder Maiwein von Hildegard von Bingen. Man schneidet dafür Wermutblätter am besten im Mai, also vor der Blüte. Zusammen mit Süßwein (Muskateller oder Sauternes) und einigen Ingwerscheiben gibt man die klein geschnittenen Blätter in einen Topf und erhitzt das Ganze bis zum Siedepunkt. Etwa zehn Minuten sieden lassen. Honig hinzufügen und den Wein durch ein Tuch filtern. Vor dem Essen als Aperitif genießen.

Bekannt wurde Wermut durch das Kultgetränk Absinth. Ende des 19. Jahrhunderts

Ein Gläschen Absinth kann nicht schaden. Das Kultgetränk der Bohème im 19. Jahrhundert aus Wermut, Fenchel und Anis ist heute wieder angesagt.

destillierte man Wermut und andere Kräuter zu dem hochprozentigen Absinth. Im Übermaß getrunken, erzeugte es Rauschzustände. Der hohe Anteil an Thujon wirkte toxisch und schädigte das Nervensystem. Absinth wurde deshalb in den 1920er-Jahren verboten. Heute ist wieder eine „grüne Fee" auf dem Markt, aber mit einem sehr geringen Anteil an Thujon.

Wermutpulver

Bei Verdauungsproblemen hilft eine Prise Wermut. Wermutpulver können wir ganz einfach selbst herstellen. Wir schneiden vom Wermut zur Blütezeit (dann, wenn er die meisten ätherischen Öle enthält) die oberen 10 cm ab und lassen die Blättchen und Blüten auf Küchenkrepp trocknen. Wenn sie trocken sind, streichen wir sie durch ein Sieb oder zerstoßen sie sehr fein im Mörser. Man gibt das Pulver wie Pfeffer zu den Speisen. Eine Prise genügt.

YSOP

Hyssopus officinalis

Ysop war lange Zeit in Kloster- und Bauerngärten verbreitet. Die Äbtissin Hildegard von Bingen lobte seine Heilkräfte. Heute ist das mediterrane Tee- und Küchenkraut etwas in Vergessenheit geraten. Schade, denn Ysop bringt neben seinem Aroma auch Farbe ins Kräuterbeet. Die blauvioletten Blüten leuchten intensiv und blühen sehr lange – eine Zierde im Garten und ein Hotspot für Bienen, Hummeln und Schmetterlinge.

KURZ & KNACKIG

Wuchshöhe: 40–60 cm
Lebensform: mehrjährig
Frosthärte: frosthart
Standort: Sonne
Wasserbedarf: mäßig gießen
Aussaat und Pflanzung:

J	F	M	A	M	J	J	A	S	O	N	D
		■	■	■					■		

SO GELINGT DER ANBAU

STANDORT UND BODEN

Ysop mag einen durchlässigen, kalkhaltigen Boden und einen Platz in der Sonne, am liebsten in freier Lage. Er passt gut in den Steingarten oder auf die Kräuterspirale. Als Multitalent gedeiht er aber auch im Gemüsebeet und in nahrhaftem Boden. In direkter Nachbarschaft zu Kohl erweist er sich als nützlich, denn er hilft, Kohlweißlinge zu vertreiben. Mit Ysop kann man schöne Kräuterhecken gestalten.

IM GARTEN

Ab März können Sie Ysop auf der Fensterbank vorziehen. Er ist Lichtkeimer. Der Samen keimt gut. Später werden die Sämlinge pikiert, in eigenen Töpfchen angezogen und an die Außentemperaturen gewöhnt. Beim Pflanzen etwas Kalk oder Gesteinsmehl dazugeben. Wer eine Kräuterhecke entlang von einem Weg anlegen möchte, setzt die Ysop Pflänzchen im Abstand von 30 cm.

Auf Balkon und Fensterbrett

Für einen naturnahen Kräuterbalkon mit ausreichend Sonne ist Ysop die Pflanze der Wahl, da er ein wahrer Insektenmagnet ist. Pflanzen Sie ihn in Balkonkästen oder in ein Tongefäß und verwenden Sie ein Gemisch aus Topferde, Sand und Kalksplitt.

Pflege und Überwinterung

Ysop muss regelmäßig geschnitten werden. Sonst verholzen die Stängel und er vergreist. Im Frühjahr vor dem Austrieb schneiden wir ihn auf ein Drittel zurück. Ein Schnitt der verblühten Stängel erfolgt im Spätsommer. Ysop wird nicht sehr alt. Alle zwei bis drei Jahre sollte man eine neue Pflanze setzen. Mit Stecklingen oder indem man Samen gewinnt, sorgt man für Nachkommen. Dies ist bei Ysop relativ einfach. Man erkennt den Reifezustand der Samen, wenn sie sich schwarz verfärben. Dann schneidet man die Stiele ab und lässt sie trocknen.

Aus der gleichen Familie

Neben dem bekannten Ysop sind auch rosa blühende Sorten wie 'Rosea' oder weiß blühende Sorten wie 'Alba' erhältlich. Sie gemischt anzupflanzen kann sehr attraktiv sein. Eine niedrige, kompakt wachsende Sorte ist der Zwerg-Ysop oder Felsen-Ysop (*Hyssopus officinalis* subsp. *aristatus*). Er wird nur 30–40 cm hoch und eignet sich daher gut für die Kultur in Töpfen und Kästen oder auch als niedrige, kompakte Beeteinfassung.

Ran an das Kraut

Ysop enthält ätherische Öle, Bitterstoffe, Gerbstoffe, Flavonoide und Rosmarinsäure. Hildegard von Bingen nutzte ihn als Heilkraut. Ysop fördert die Verdauung und regt den Appetit an. Als Tee getrunken wirkt er antibakteriell, magenberuhigend und löst Verschleimungen und Husten. In der Küche verwendet man die Ysopblätter am besten frisch. Ysop schmeckt recht intensiv, scharf-würzig, ein bisschen nach Lavendel und Minze. Daher sollte man ihn eher sparsam verwenden. Er passt gut zu grünen oder dicken Bohnen, zu Eintöpfen, Kartoffeln und Gemüse. Fette Speisen werden durch die Zugabe von Ysop bekömmlicher, da er die Verdauung anregt. Auch die Blüten kann man verwenden. Sie lassen sich sehr gut trocknen und für Blütenmischungen verwenden. Ein Brotaufstrich mit Schafskäse oder Feta ist leicht hergestellt: Den Schafskäse grob zerkleinern und mit der Gabel zerdrücken. Mit Frischkäse oder Sahnequark und wenig Olivenöl vermengen. Ysopblüten und ein paar sehr fein geschnittene Ysopblättchen zufügen. Mit Pfeffer und falls nötig Salz abschmecken.

Räuchern

Ysop wird von alters her zum Räuchern verwendet. Er soll reinigend und klärend wirken. Für das Räuchern benötigen Sie einige getrocknete, blühende Stängel, eine feuerfeste Schale und spezielle Kohletabletten aus dem Fachhandel. Bringen Sie die Kohletablette mit einer Zange an einer brennenden Kerze zum Glühen, legen sie in die Schale und bröseln die Kräuter darüber. Mit einer Feder wird die Glut angefacht. Mit dem Räuchergefäß geht man durch die Räume, um den Duft zu verteilen.

ZITRONENGRAS

Cymbopogon citratus

Zitronengras ist ein typisches Kraut der thailändischen Küche. Die angenehme Frische, die wir an Kokossuppen, Fisch- und Wokgerichten so lieben, geht auf die verdickten Halme des Grases zurück. In der Stängelbasis schlummern große Mengen an ätherischen Ölen wie Citral, Geraniol und Limonen. Durch Quetschen und Erhitzen werden sie freigesetzt. Zitronengras ist leicht anzubauen. Allerdings mag das Tropengras keinen Frost.

KURZ & KNACKIG

Wuchshöhe: 60–80 cm
Lebensform: mehrjährig
Frosthärte: nicht frosthart
Standort: Sonne
Wasserbedarf: gleichmäßig gießen
Pflanzung:

J	F	M	A	M	J	J	A	S	O	N	D
				■	■						

SO GELINGT DER ANBAU

STANDORT UND BODEN

In milden Gegenden lohnt sich ein Freilandanbau von Zitronengras in der frostfreien Zeit. Voraussetzungen sind ein warmer, sonniger Standort und ein humoser, feuchter Boden, der genügend Nährstoffe enthält. Im Gemüsebeet oder im Hochbeet ist ein guter Platz. In kälteren Regionen ist ein Anbau im Gewächshaus oder im Kübel eine Option.

IM GARTEN

Zitronengras wird vegetativ vermehrt. Besorgen Sie sich daher eine Pflanze aus einer Kräutergärtnerei oder ziehen Sie sich selber Setzlinge aus gekauften Zitronengrasbulben vom Bioladen. Ins Freiland gepflanzt wird ab Mitte Mai. Geben Sie reichlich Kompost und einen Langzeitdünger in das Pflanzloch.

AUF BALKON UND FENSTERBRETT

Sie können Zitronengras gut in einem großen Kübel halten. Verwenden Sie eine torffreie

Universalerde oder Gemüseerde und mischen Sie etwas Schafwollpellets darunter. Zitronengras ist ein Starkzehrer.

PFLEGE UND ÜBERWINTERUNG

Zunächst wächst Zitronengras langsam. Ab Mitte des Sommers legt es zu und wächst sehr üppig, wenn wir es regelmäßig feucht halten und ab und zu mit Brennnesseljauche düngen. Rechtzeitig vor dem ersten Frost müssen wir es ausgraben, eintopfen und ins Haus holen, wo es bei etwa 10 °C an einem hellen Fensterplatz die frostige Zeit verbringt. In einem warmen Wintergarten kann es auch das ganze Jahr verbleiben. Zitronengras bildet breite Horste, die sich gut teilen und verpflanzen lassen. Der beste Zeitpunkt dafür ist das Frühjahr.

DER BESONDERE TIPP

Aus gekauften Zitronengrasstängeln oder -bulben können wir Setzlinge ziehen. Die Bulben sollten möglichst frisch sein. Man stellt sie in ein Glas mit wenig Wasser, sodass sie nur an der Basis im Nassen stehen. Wenn sie sich bewurzelt haben, pflanzt man sie in Anzuchterde, aber nicht zu tief, sonst faulen sie. Damit sie nicht umfallen, werden sie mit einem Stöckchen gestützt.

AUS DER GLEICHEN FAMILIE

Das gebräuchlichste Zitronengras mit dem kräftigsten Wuchs ist *Cymbopogon citratus*, das Westindische Zitronengras. Das Ostindische Zitronengras (*C. flexuosus*) bleibt etwas kleiner. Aus ihm wird das Lemongrasöl gewonnen. Das Zitronellagras (*C. nardus*) schmeckt schärfer und etwas süßlich. Zitronengras wird auch in der Parfümindustrie verarbeitet.

RAN AN DAS KRAUT

Der Spätsommer ist der beste Erntezeitpunkt. Man bricht die seitlichen Stängel heraus. Nur die unteren 15 cm werden verwendet. Entfernen Sie die harten, äußeren Blätter und quetschen Sie die Stängel mit einem Nudelholz. Dünne Stängel lassen sich auch gut verknoten. Das setzt die ätherischen Öle frei. Durchs Mitgaren gehen die Aromen in das Kochgut über. Wird Zitronengras ganz fein gehackt, kann man es auch mitessen. Am besten passt Zitronengras zu thailändischen Suppen mit Fisch, Huhn oder Garnelen. Mit Kokosmilch, Koriander, Chili, Knoblauch und Basilikum harmoniert es perfekt. Auch Currys und Wokgerichte erhalten mit Zitronengras ihre exotische Note. Wenn es ganz fein geschnitten wird, kann Zitronengras auch in Dips, Frischkäse oder Kräuterquark verwendet werden. Desserts wie Apfel- oder Birnenkompott erhalten mit Zitronengras ein frisches Aroma.

Nutzen Sie Zitronengras auch für einen wohltuenden, heilsamen Tee. Er wirkt antibakteriell und lindert Magen- und Verdauungsprobleme. Dazu hat er ein feines Zitronenaroma. Die ätherischen Öle, die in hoher Konzentration enthalten sind, kann man beim Aufgießen sehen: Kleine Fetttröpfchen schwimmen auf der Oberfläche.

Die Stängelbasis fein schneiden oder quetschen. So werden die ätherischen Öle freigesetzt.

Asia-Kräuter

Die fernöstliche Küche ist beliebt. Um die Speisen originalgetreu kochen zu können, braucht es die passenden Zutaten, möglichst in frischer Qualität. Viele exotische Kräuter kann man lokal anbauen. Keine langen Transportwege rund um den Globus sind nötig. Für manche ist ein Folientunnel oder ein frostfreies Winterquartier nötig.

SHISO (*Perilla frutescens*)

Shiso oder Perilla schmeckt herb-aromatisch, ein bisschen nach Kreuzkümmel. In Japan verwendet man es zu Sushi und Sashimi. Neben dem dunkelroten Shiso gibt es auch Sorten mit grünen und bronzefarbenen Blättern. Beliebt ist selbst gezogene Shisokresse, die zu Salaten und Wokgerichten passt. Das Kraut wächst einjährig und wird ähnlich wie Basilikum angebaut.

VIETNAMESISCHER KORIANDER (*Persicaria odorata*)

In Vietnam heißt das Kraut Rau Ram und wird in vielen Suppen und Speisen verwendet. Es schmeckt ähnlich wie Koriander, nur milder, mit einer Zitrusnote. Pflanzt man Vietnamesischen Koriander in nahrhafte, feuchte Erde, wächst er rasant, Stecklinge bewurzeln sich schnell. Eine frostfreie Überwinterung ermöglicht eine ganzjährige Ernte.

KAFIR-LIMETTE (*Citrus hystrix*)

Kafir-Limette oder Zitronenblatt ist ein dorniges Zitrusgewächs. Die jungen Blätter frisch vom Strauch schmecken unvergleichlich besser als die Trockenware, die man im Supermarkt erhält. Ihr Zitrusaroma gibt asiatischen Gerichten eine gewisse Finesse, so etwa einem im Bambustopf gegarten Fisch. Die Kafir-Limette sollte im Kübel gezogen werden. Wenn er frostfrei überwintert, kann der Strauch Jahre alt werden.

INGWER (*Zingiber officinale*)

Ingwer ist eine tropische Staude. Er braucht zum Wachsen Temperaturen von über 20 °C, eine hohe Luftfeuchte und einen schattigen Platz. Der Anbau funktioniert am besten im Folientunnel oder im warmen Gewächshaus. Man schneidet gekaufte Ingwerknollen in kleine Stücke und setzt sie mit den Knospen nach oben in feuchte Aussaaterde.

JAPAN-INGWER, MYOGA (*Zingiber mioga*)

Myoga stammt aus den Bergen Japans und Chinas und kann bei uns in milden Gegenden angebaut werden. Er ist einfacher zu ziehen als Ingwer. Man pflanzt die Rhizome in nahrhafte Erde. Zunächst treiben nur die Blattstiele, im dritten Jahr erscheinen direkt über dem Boden daumendicke Blütensprosse. Sie schmecken sehr aromatisch. Man verwendet sie frisch in Salaten, zu Tofu und Sojasaucen.

ZITRONENMELISSE

Melissa officinalis

„Zitronenmelisse breitet sich aus wie Unkraut“, stöhnen manche. „Na und?“, antworte ich und freue mich über das Kraut, das in meinem Garten ohne mein Zutun wächst. Einmal gepflanzt, lebt es sein Zitronenmelissen-Leben in Eigenregie. Im Frühjahr sprießen die Blätter und geben einen duftenden Tee, im Sommer bevölkern Honig- und Wildbienen die Blüten, im Herbst gibt es eine zweite Ernte. Das ist Kräuterglück.

KURZ & KNACKIG

Wuchshöhe: 50–80 cm
Lebensform: mehrjährig
Frosthärte: frosthart
Standort: Sonne bis Halbschatten
Wasserbedarf: gleichmäßig gießen
Aussaat und Pflanzung:

J	F	M	A	M	J	J	A	S	O	N	D
			■	■					■		

SO GELINGT DER ANBAU

STANDORT UND BODEN

Zitronenmelisse wächst unkompliziert. Erstaunlich, wie sich die ausdauernde Staude an die unterschiedlichsten Standortbedingungen anpasst. Im frischen humosen Boden gedeiht sie ebenso gut wie im steinigen Kiesboden oder lehmigen Gartenboden. Sie wächst in der Sonne, im Halbschatten und sogar im Schatten. Natürlich entwickelt das Kraut an einem Sonnenplatz mehr ätherische Öle als im Schatten.

IM GARTEN

Man kann Zitronenmelisse aussäen, aber am einfachsten setzt man im Frühjahr oder im Herbst eine Jungpflanze. Geben Sie ein bisschen Kompost dazu. Zitronenmelisse passt in einen Kräutergarten, ein Steinbeet oder auf die Kräuterspirale. Da sich Zitronenmelisse sehr ausbreiten kann, ist ein Platz am Rand des Gartens empfehlenswert.

AUF BALKON UND FENSTERBRETT

Im Blumentopf sollte der Boden mit etwas Sand abgemagert werden, sodass er durchlässig wird.

PFLEGE UND ÜBERWINTERUNG

Im Garten ist keine Pflege nötig, im Blumentopf sollte man auf regelmäßige Wassergaben achten. Zitronenmelisse treibt nach jedem Rückschnitt neu aus. Nach der Haupternte im Mai, Juni lasse ich zunächst einige Stängel für die Bienen stehen. Wenn sie verblüht sind, schneide ich sie komplett zurück. Nachdem das Kraut im Spätsommer und Herbst nochmal getrieben hat, stirbt das oberirdische Kraut mit den ersten Frösten ab. Lassen Sie die Stängel auf jeden Fall stehen, damit Insekten daran überwintern können. Im Frühjahr werden sie dann bodentief zurückgeschnitten.

Besonderer Tipp

Die eigenwillige Zitronenmelisse verbreitet sich durch Samen. Will man dies verhindern, schneidet man die verblühten Stängel vor der Samenbildung ab. Dennoch entdeckt man im Garten oft wilde Ableger. Überlegen Sie, ob sie vielleicht an dieser Stelle bleiben dürfen. Falls nicht, sind sie im Nu mit zwei, drei Spatenstichen entfernt. Eingetopft sind die Zitronenmelissen ein duftiges Geschenk für Freunde.

AUS DER GLEICHEN FAMILIE

Alle Arten und Sorten der aus den Mittelmeerregionen stammenden Zitronen- und weiteren Melissen sind frosthart. Gärtnereien bieten verschiedene an, zum Beispiel eine Melisse mit goldgelber Färbung (*Melissa officinalis* 'Aurea') oder die Sorte 'Lemona', die viele ätherischen Öle enthält, besonders Citral. Eine besonders interessante Variante ist die Kretische Melisse (*M. officinalis* var. *altissima*). Sie hat behaarte, weiche Blätter und verströmt ein warmes, harmonisches Aroma. Sie bevorzugt einen trockenen, sandigen Boden.

Eine Entdeckung ist die Weiße Melisse (*Nepeta cataria* subsp. *citriodora*). Sie ist botanisch nicht mit der Zitronenmelisse verwandt, sondern gehört zur Familie der Katzenminzen. In Österreich und im Engadin wurde sie in Bauerngärten kultiviert und ist heute eher in Vergessenheit geraten. Ihre Blätter duften mild zitronig und etwas nach Rose.

RAN AN DAS KRAUT

Von April bis zur Blütezeit im Juli ist die beste Zeit zum Ernten. Wenn der Sonnenstand am höchsten ist, enthält Zitronenmelisse am meisten ätherische Öle. Schneiden Sie immer ganze Triebe ab. Sie können Zitronenmelisse auch trocknen. Um das Aroma und die Wirkstoffe zu erhalten, streift man die Blätter ab und breitet sie auf Küchenkrepp aus. Das ist die beste Methode. Hängt man ganze Büschel auf, wandern die Wirkstoffe nämlich beim Trocknen aus den Blättern in die Stängel zurück.

Am besten verwendet man Zitronenmelisse frisch. Ein Tee aus den Blättern schmeckt zitronig frisch, im Sommer am besten gekühlt, mit etwas Zitronensaft und Eiswürfeln. In der Küche verwendet man Zitronenmelisse vor allem zum Verfeinern von Süßem und Desserts. Erdbeeren erhalten mit ein paar Melissenblättern eine feine Frische. In Kuchen, Sorbets oder Cremespeisen passt das Zitrusaroma sehr gut. Versuchen Sie auch einmal ein süßes Melissenpesto. Dazu braucht es Melissenblätter, geschälte Mandeln, Zitronensaft, ein neutrales Speiseöl und Puderzucker. Die Blätter und die Man-

Kretische Melisse wird etwas größer als Zitronenmelisse. Ihre Blätter sind samtig behaart und duften nach Orange, Limette und Mandarine.

deln zerkleinern, mit den anderen Zutaten vermengen und alles im Mixer pürieren.

In der Küche verwende ich Zitronenmelisse gerne zu allem, was durch einen leicht zitronigen Geschmack verfeinert wird: Fisch, helle Saucen, Suppen, Spargel. Geben Sie in das Spargelwasser am Ende der Garzeit ein, zwei Stängel Zitronenmelisse dazu. Zitronenmelisse ist auch ein feines Salatkraut. Zusammen mit Minze und Basilikum aromatisiert es Sommersalate.

Zitronenmelisse war seit jeher eine wichtige Heilpflanze im Klostergarten. Ihre heilsamen Inhaltsstoffe wurden in vielerlei Rezepturen genutzt. Sie wirkt nervenberuhigend, abwehrstärkend und hilft gegen Magen-Darm-Beschwerden. Ein Tee am Abend fördert den Schlaf. Benedictine, Chartreuse und zahlreiche Kräuterliköre enthalten Melisse als wichtigen Bestandteil. Die wohltuenden Eigenschaften von Zitronenmelisse kannte auch die Nonne Maria Clementine Martin und erfand 1826 in Paris den „Klosterfrau Melissengeist". Bis heute wird „mothers little helper" aus 13 Kräutern gern bei Erschöpfung getrunken. Wir können eine Variante des Melissengeists auch selbst herstellen. Für die folgende Variante benötigt man Aniskörner, Kardamom, Nelken und Wurzeln von Engelwurz und zerstößt sie leicht in einem Mörser. Frische Melissenblätter, Ingwerstücke, eine Vanilleschote und Zitronenschalen klein schneiden und alles zusammen in ein Schraubglas geben. Mit Korn, Gin oder Wodka übergießen. Den Ansatz für mehrere Wochen an einen warmen Ort stellen und ziehen lassen. Ab und zu schütteln, damit die Kräuter immer vom Alkohol bedeckt sind. Am Schluss durch ein Gazetuch abseihen. Bei nervösem Magen oder vorm Einschlafen 1 TL einnehmen.

Weiße Melisse hat starke Aromen. In der Mischung mit Zitronenmelisse, Zitronenverbene und Orangen-Minze macht sie sich gut als Sommertee.

Melisse bei Lippenherpes

Herpessalben mit Melisse sind bekannt. Die Gerbstoffe in den Blättern dämmen den Virus ein. Statt sie in der Apotheke zu kaufen, können wir uns im Notfall mit frischen Melisseblättern direkt aus dem Garten helfen. Ein paar Blätter zwischen den Fingern zerdrücken und der Pflanzensaft direkt auf die beginnenden Herpesbläschen aufbringen. Mehrmals hintereinander und mehrmals täglich. Wichtig: Nicht reiben, damit der Herpes nicht verteilt wird! Anschließend die Hände waschen!

ZITRONENVERBENE

Aloysia citrodora

Zitronenverbene ist eine der feinsten Teepflanzen. In ihrer Heimat Südamerika wächst sie 2–3 m hoch und wird ein kleiner Baum. Die Blätter verströmen bei Berührung einen unvergleichlich reinen Zitronenduft, der an Sommer und Süden erinnert und gute Laune macht. Leider überlebt das Kraut keine starken Fröste. Man kann Zitronenverbene aber gut im Kübel ziehen und frostfrei überwintern.

Kurz & knackig

Wuchshöhe: 80–120 cm
Lebensform: mehrjährig
Frosthärte: bedingt frosthart
Standort: Sonne
Wasserbedarf: gleichmäßig gießen
Pflanzung:

J	F	M	A	M	J	J	A	S	O	N	D
				■	■						

SO GELINGT DER ANBAU

Standort und Boden

Zitronenverbene mag einen humosen, durchlässigen Boden, der genügend Nährstoffe enthält. Die meisten Aromen entwickelt sie an einem warmen, vollsonnigen Standort, etwa auf einer Südterrasse oder einem Sonnenbalkon.

Im Garten

In milden Weinbauregionen lohnt sich der Versuch, Zitronenverbene direkt ins Freiland zu pflanzen. Setzen Sie den Strauch an einen geschützten Ort, etwa vor eine Südmauer oder in einen hellen Innenhof. Bessern Sie den Untergrund mit reichlich Kompost auf.

Auf Balkon und Fensterbrett

Solange die Zitronenverbene klein ist, genügt ein normaler Topf, später braucht sie einen Pflanzkübel. Verwenden Sie Topferde, die mit Sand, Blähton und etwas organischem Dünger vermischt wird. Oder verwenden Sie Kübelpflanzenerde. Alle zwei Jahre in einen größeren Topf setzen.

PFLEGE UND ÜBERWINTERUNG

Zitronenverbene braucht regelmäßig Wasser, damit sie gut einwächst. Ab und zu Brennnesseljauche hinzufügen. Ein regelmäßiger Schnitt der Triebe während der Sommermonate fördert einen buschigen Wuchs. Ab August sollte man Zitronenverbene weniger gießen und nicht mehr düngen. Im Spätherbst wirft sie meist die Blätter ab. In milden, urbanen Regionen, wo es nicht kälter als minus 5 °C wird, kann sie den Winter eventuell im Freiland überstehen. Man hüllt sie mit Vlies ein und bringt am Fuß eine Laubpackung an. Sonst gräbt man sie aus, pflanzt sie in einen Kübel und bringt sie an einen kühlen, hellen Platz im Haus mit 5–10 °C. Wenn sie laubfrei ist, auch in einen dunklen Keller. Das Gießen weitgehend einstellen, aber den Wurzelballen auch nicht komplett austrocknen lassen. Ab Februar langsam mit dem Gießen beginnen und ab April ans Freiland gewöhnen.

AUS DER GLEICHEN FAMILIE

Bei manchen Anbietern findet man auch Minzverbene oder Orangenverbene; es sind Varietäten der Zitronenverbene. Beide sind sehr aromatisch und im Wuchs ähnlich wie die Hauptart.

Zitronenverbene wird gerne mit dem heimischen Echten Eisenkraut (*Verbena officinalis*) verwechselt. Beide gehören zur Familie der Eisenkrautgewächse, aber nicht zur selben Gattung. Das Echte Eisenkraut enthält Gerbstoffe und Bitterstoffe und wird von alters her als Arzneitee verwendet.

RAN AN DAS KRAUT

Die Blätter enthalten ätherische Öle wie Citral, Linalool, Limonen und Geraniol. Zitronenverbene wirkt beruhigend und schlaffördernd und ist wohltuend für Magen und Verdauung. Den Sommer über können Sie laufend frische Blätter ernten. Ein Tee schmeckt köstlich erfrischend. In Frankreich nennt man ihn Verveine. In vielen Cafés wird er ausgeschenkt. Mit Zitronenverbene lassen sich viele zitronig-süße Sommergetränke zubereiten. Wie etwas dieses: Zwei Handvoll Zitronenverbeneblätter mit wenig kochendem Wasser überbrühen, sodass ein konzentrierter Tee entsteht. Den Saft von zwei Zitronen und Honig dazugeben. Kühl stellen und mit Mineralwasser mischen. Oder noch einfacher: Geben Sie in eine Karaffe Wasser zwei bis drei Stängel Zitronenverbene und lassen Sie den Ansatz ein bis zwei Stunden im Kühlschrank ziehen. In der Küche ist Zitronenverbene vielfältig einsetzbar: zu Obstsalaten, Kompott oder Eis, ebenso zu Salat, Fisch oder Huhn.

Zitronenverbenen-Sirup

Für den Sirup kocht man 1 l Wasser mit 500 g Zucker auf, lässt ihn abkühlen, bis er lauwarm ist. In eine Schüssel zehn bis 15 Stängel Zitronenverbene geben und mit dem Sirup übergießen, sodass sie bedeckt sind. Den Saft einer Zitrone und ein paar Zitronenscheiben hinzufügen und das Ganze zugedeckt ein bis zwei Tage ziehen lassen. Absieben, den Sirup noch mal aufkochen und heiß in saubere Flaschen füllen. Mit diesem Rezept können Sie auch Minzen- oder Melissen-Sirup herstellen.

Die besten Teepflanzen

Es ist ein Genuss, den Sommer über Teekräuter zu trocknen und damit Dosen für den Wintervorrat zu füllen. Doch frisch aus dem Garten schmecken Tees aus duftenden Pflanzen einfach am besten. Teekräuter in eine Kanne füllen, überbrühen, zurücklehnen und durchatmen. Entdecken Sie Schluck für Schluck die besten Teepflanzen.

MONARDE (*Monarda didyma*)

Monarde oder Goldmelisse ist eine alte Teepflanze der Ureinwohner Nordamerikas. Ihre rosa, violetten oder scharlachroten Blüten sind ein Hingucker. Es gibt mehrere Züchtungen. Je nach Sorte variieren die Aromen zwischen Rose, Minze und Bergamotte. Die Sorte 'Earl Grey' schmeckt besonders fein als Mischung mit Schwarztee. Verwendet werden Blüten und Blätter.

AGASTACHEN (*Agastache* spec.)

Zu den Agastachen oder Duftnesseln gehören mehrere aromatische Pflanzenarten aus Nord- und Mittelamerika. Ihr ursprünglicher Standort ist die Prärie. Die Blüten, die in lockeren Rispen hellblau, violett, dunkelrot, orange oder lachsfarben blühen, locken zahlreiche Schmetterlinge an. Blätter und Blüten geben einen feinen, magenfreundlichen Tee mit Aromen von Anis, Fenchel, Zitrone oder Minze.

GRIECHISCHER BERGTEE (*Sideritis syriaca*)
Ein Kraut vom Mittelmeer, das bei uns erstaunlich winterhart ist, vorausgesetzt es steht trocken und sonnig. Typisch sind seine silbergrauen, filzigen Blätter und hellgelben Blüten. Für einen Tee verwenden Sie die blühenden Stängel, ob frisch oder getrocknet. Griechischer Bergtee hat ein feines Aroma. Er hilft, bei einer beginnenden Erkältung die körpereigene Abwehr zu stärken.

WEISSE MELISSE (*Nepeta cataria* subsp. *citriodora*)
Weiße Melisse ist eine heimische, fast vergessene Teepflanze. Ihre Blätter duften beim Reiben nach Rose, Minze und einem Tick Zitrone. Der Duft bleibt lange erhalten, auch nach dem Trocknen. Ein Tee schmeckt sehr aromatisch und wirkt entspannend. Am besten kommt Weiße Melisse in Mischungen zur Geltung, etwa mit Zitronenverbene und Ingwer. Mehr zur Weißen Melisse erfahren Sie auf Seite 130.

ZITRONENVERBENE (*Aloysia citrodora*)
Zitronenverbene ist die beste Teepflanze und geeignet für alle Einsteigerinnen und Einsteiger. Sie hat kräftige, gesunde Blätter mit unvergleichlichem Zitrusaroma. Ein Tee im Sommer wirkt durstlöschend und erfrischend. Das Trocknen der Blätter ist sehr einfach. Anders als bei Zitronenmelisse behalten sie danach ihr herrliches Aroma (Ausführlicheres zur Zitronenverbene erfahren Sie auf Seite 132).

SERVICE

DIE AUTORIN

Heide Bergmann ist Lehrerin und Gärtnerin und beschäftigt sich mit Kräutern seit über vier Jahrzehnten. Sie war Mitbegründerin und langjährige Verantwortliche im Leitungsteam der Ökostation Freiburg des BUND. 2007 wurde sie mit dem Umweltpreis „Trophée de Femmes“ der Fondation Yves Rocher ausgezeichnet. Sie hat zahlreiche Gartenbücher veröffentlicht.

DANK

Die Autorin dankt herzlich dem Verein Bauerngarten- und Wildkräuterland Baden e. V., Carolin Urban, Robert Schönfeld, Ursel Bühring, Ulrike Armbruster, Uta Bierer-Berger, Inke von Bargen-Schaeffer, Sahar Amini-Jörger und Bernd Jörger, Anneliese Braitmaier, Felix Klett, Angelika und Peter Kopp, Charlotte Weber und Sausan Hachicho.

WEITERFÜHRENDE LITERATUR

- Bergmann, Heide und Armbruster, Ulrike: Wildkräuter aus Topf & Garten, Verlag Eugen Ulmer, Stuttgart, 2018.
- Bergmann, Heide: Kräuterspirale, GU, München, 2014.
- Bergmann, Heide: Urban Gardening mit Kindern, Herder, Freiburg, 2021.
- Bühring, Ursel: Alles über Heilpflanzen, Verlag Eugen Ulmer, Stuttgart, 2020.
- Heistinger, Andrea und Arche Noah: Handbuch Bio-Balkongarten, Löwenzahn, Innsbruck, Österreich, 2013.
- Heistinger, Andrea und Arche Noah: Kräuter richtig anbauen, Löwenzahn, Innsbruck, Österreich, 2016.
- Marie-Luise Kreuter, Kräuter & Gewürze aus dem eigenen Garten, BLV (Imprint von GU), München, 2009.
- Schattling, Birgit: Mein genialer Bio-Balkon, Verlag Eugen Ulmer, Stuttgart, 2023.
- Engelbert Kötter, Das große GU PraxisHandbuch Kräuter, GU, München, 2009.

BEZUGSADRESSEN

SAMEN UND PFLANZEN

Bingenheimer Saatgut: www.bingenheimersaatgut.de, Samen von Kräutern, Gemüse und Blumen, samenfeste, traditionelle Sorten, biologisch-dynamische Neuzüchtungen

Staudengärtnerei Gaissmayer: www.gaissmayer.de, Biokräuter und -stauden, umfangreicher Katalog, Anschauungsgarten, Online-Versand

Rühlemann's: www.kraeuter-und-duftpflanzen.de, Kräuter und Duftpflanzen, umfangreicher Katalog, Samen- und Pflanzenversand

Syringa: www.syringa-pflanzen.de, Kräuter und Duftpflanzen, Samen- und Pflanzenversand, Schaugarten, Kräutertage

Kräutergarten Urban: www.kraeutergarten-urban.de, Demeter-Gärtnerei und Online-Shop, Saatgut, Kräuterpflanzen, Gemüsesetzlinge, alte Sorten, Kräuterprodukte, Zubehör

ERDEN, DÜNGER, ZUBEHÖR

Ökohum: www.oekohum.de, torffreie Erden, Bioerden

Gold der Erde: www.gold-der-erde.de, Bioerden, torffrei mit Terra preta, Dünger

Floragard: www.floragard.de, Bio-Erden

Neudorff: www.neudorff.de, organische Dünger, Pflanzenstärkungsmittel, Beratung, Pflanzendoktor

Multikraft: www.multikraft.com, Effektive Mikroorganismen

Flora Pell: www.florapell.shop, Bio-Schafwollpellets

Wormsystems: www.wurmkiste.at, Wurmkisten, Wurmkompostierung

Waschbär-Versand: www.waschbaer.de, Paper Potter (Papiertopf-Presse)

Microgreen-Shop: www.microgreen-shop.com, Keimsaatgut, Zubehör für Sprossen und Microgreens

Borago: www.borago.de, Gartenzubehör

INFOS, VERANSTALTUNGEN

www.kraeuter-regio.de: Kräuterveranstaltungen, Netzwerk

www.armbruster-berghaupten.de: Kräuterhof, Seminare, Führungen

www.ursel-buehring.de: Kurse, Seminare der Heilpflanzenexpertin Ursel Bühring

www.bio-balkon.de: Online-Bio-Balkon-Kongresse mit Birgit Schattling, Infos, Netzwerk

www.wildbienen.info: Infoportal des Experten Paul Westrich, Bau von Nisthilfen

REGISTER

IMPRESSUM

Die in diesem Buch enthaltenen Empfehlungen und Angaben sind von der Autorin mit größter Sorgfalt zusammengestellt und geprüft worden. Eine Garantie für die Richtigkeit der Angaben kann aber nicht gegeben werden. Autorin und Verlag übernehmen keine Haftung für Schäden und Unfälle. Bitte setzen Sie bei der Anwendung der in diesem Buch enthaltenen Empfehlungen Ihr persönliches Urteilsvermögen ein.

Der Verlag Eugen Ulmer ist nicht verantwortlich für die Inhalte der im Buch genannten Websites.

Anmerkung zur Schreibweise (Gendering): Gendergerechtigkeit und Inklusion sind bei uns gelebte Praxis – bei der Auswahl unserer Themen, bei der Recherchearbeit, in der Gestaltung. Unsere Texte meinen alle. Damit unsere Inhalte jedoch gut lesbar bleiben, verzichten wir in diesem Werk auf die jeweilige Mehrfachnennung oder Anpassung der Schreibweise bestimmter Bezeichnungen an die weibliche, männliche oder diverse Form.

Bibliografische Information der Deutschen Nationalbibliothek
Die Deutsche Nationalbibliothek verzeichnet diese Publikation in der Deutschen Nationalbibliografie; detaillierte bibliografische Daten sind im Internet über http://dnb.d-nb.de abrufbar.

Wollgrasweg 41, 70599 Stuttgart (Hohenheim)
E-Mail: info@ulmer.de
Internet: www.ulmer.de
Projektleitung: Saskia Hoen, Carolin Witte
Konzept: Christine Hutschenreuther
Lektorat: Antje Krause
Herstellung: Judith Schumann
Umschlaggestaltung & Innenlayout: Michaela Mayländer, www.sistermic.de, Stuttgart
Satz: Susanne Junker, www.redsign.de, Stuttgart
Reproduktion: time:ray, Jettingen
Druck und Bindung: Westermann Druck, Zwickau
Printed in Germany

ISBN 978-3-8186-1869-8

FSC www.fsc.org MIX Papier | Fördert gute Waldnutzung FSC® C110508

BILDNACHWEISE

Africa Studio/Shutterstock.com: S. 29, Klappe hinten außen, Alika Obraz/Shutterstock.com: S. 98, Anna_Zaitzeva/Shutterstock.com: S. 10, Anne Kramer/Shutterstock.com: S. 16, Art_Pictures/Shutterstock.com: Klappe hinten innen rechts unten, Bildagentur Zoonar GmbH/Shutterstock.com: S. 81, billysfam/Shutterstock.com: S. 45 oben, Bogdan Sonjachnyj/Shutterstock.com: S. 18, cha_cha/Shutterstock.com: S. 60, Chupryna.nataliia.photo/Shutterstock.com: S. 34, Cyrustr/Shutterstock.com: S. 73 unten, Danny Hummel/Shutterstock.com: S. 126 rechts, DarwelShots/Shutterstock.com: S. 27, Diana Taliun/Shutterstock.com: S. 69, Digihelion/Shutterstock.com: S. 72 rechts, Dirk Mann (www.flowermedia.com): S. 2, 40, 41, 50, 54, 73 oben, 77, 83, 85, 99, 106, 115, 120, 130, 131, 132, 134 links, Doikanoy/Shutterstock.com: S. 127 oben, Elena Schweitzer/Shutterstock.com: S. 28, Elusive Edamame/Shutterstock.com: S. 4, EtaCarinae89/Shutterstock.com: S. 135 unten, Flora Press/Martin Hughes-Jones: S. 86, Flora Press/Mint Images: S. 33 Mitte, Flora Press/Ulrike Schmidt: Klappe hinten innen links oben, Flora Press/Visions: S. 64, fotohunter/Shutterstock.com: S. 26, Gartenbildagentur Friedrich Strauss / Strauss, Friedrich: S. 94, Gaston Cerliani/Shutterstock.com: S. 52, 135 Mitte, Heide Bergmann: S. 12, 15, 20, 24, 25, 30, 31, 33 unten, 45 unten, 63, 68, 75, 76, 79, 103, 107, 110, 117, 119, 127 unten, 138, Klappe vorne innen rechts, Heinz Hauenstein: S. 102, I. Rottlaender/Shutterstock.com: S. 66, IanRedding/Shutterstock.com: S. 91 Mitte, Irene Fox/Shutterstock.com: S. 46, Jacqueline van Kerkhof/Shutterstock.com: S. 65, janaph/Shutterstock.com: S. 93, Jiri Hera/Shutterstock.com: S. 32 links, JoannaTkaczuk/Shutterstock.com: S. 6, johoelken / photocase.de: Klappe vorne außen, kadetfoto/Shutterstock.com: S. 72 links, Katarzyna Mazurowska/Shutterstock.com: S. 129, Khoirun Naqiyyah/Shutterstock.com: S. 124, laksena/Shutterstock.com: S. 105, Lipatova Maryna/Shutterstock.com: S. 73 Mitte, Lisette Nijhuis/Shutterstock.com: S. 37, Lovely Bloom Photography/Shutterstock.com: S. 3, 39, Madeleine Steinbach/Shutterstock.com: S. 33 oben, Manfred Ruckszio/Shutterstock.com: S. 45 Mitte, 95, MarinaGreen/Shutterstock.com: S. 9, marineke thissen/Shutterstock.com: S. 44 rechts, mauritius images: S. 8, 14, 38, 42, 55, 70, 87, 90 links, 90 rechts, 91 oben, 91 unten, 112, 116, 135 oben, Klappe hinten innen rechts oben, Max_555/Shutterstock.com: S. 97, Mira Drozdowski/Shutterstock.com: S. 136, Nahhana/Shutterstock.com: S. 82, NANCY AYUMI KUNIHIRO/Shutterstock.com: S. 57, NatalyaBond/Shutterstock.com: S. 121, nazarovsergey/Shutterstock.com: S. 21, Nbyaslam/Shutterstock.com: S. 127 Mitte, NUM LPPHOTO/Shutterstock.com: S. 125, Olena Rudo/Shutterstock.com: S. 23, optimarc/Shutterstock.com: S. 109, PaniYani/Shutterstock.com: S. 13, Klappe hinten innen links unten, Parkin Srihawong/Shutterstock.com: Klappe vorne innen links unten, PosiNote/Shutterstock.com: S. 58 unten, Shebeko/Shutterstock.com: S. 111, simona pavan/Shutterstock.com: S. 101, Svetlanko/Shutterstock.com: S. 134 rechts, Tatjana Michaljova/Shutterstock.com: S. 17, Tatyana Soares/Shutterstock.com: Klappe vorne innen links oben, Thomson_1/Shutterstock.com: S. 19, Tom Cardrick/Shutterstock.com: S. 78, Trong Nguyen/Shutterstock.com: S. 126 links, VH-studio/Shutterstock.com: S. 22, Volodymyr Nikitenko/Shutterstock.com: S. 88, Wally Pruss/Shutterstock.com: S. 32 rechts, weha/Shutterstock.com: S. 122, Wolfen/Shutterstock.com: S. 44 links, Wornach j/Shutterstock.com: S. 58 oben, yarm_sasha/Shutterstock.com: S. 48. Alle Schmuckelemente im Innenteil stammen von Adobe Stock: von Zhemchuzhina, marinavorona, martime_m, rraya, bokasana, Vector Tradition, KOSIM und MagicMC.

Bauerngarten- und Wildkräuterland Baden e.V.
kraeuter-regio.de

*Das Netzwerk **Bauerngarten- und Wildkräuterland Baden e.V.** ist ein Zusammenschluss von Kräuterpädagogen, Bauerngärtnerinnen, Phytotherapeuten, Naturpädagogen, Natur- und Gästeführern sowie weiteren Natur- und Pflanzeninteressierten.*
In dem 2009 gegründeten Verein fließen altes und neues Pflanzenwissen, jahrelange Erfahrungen und vielseitige Fachkompetenz zu einem großen Wissensfundus zusammen.

Der Verein und seine Mitglieder bieten an:

- Wildkräuterexkursionen
- Heilpflanzenseminare
- Fachvorträge
- Mehrtägige Kräuter- und Gartenkurse
- Organisation von Bauerngarten-Exkursionen für Gruppen und Vereine
- Kräuter- und Teegenüsse besonderer Art und Qualität

Besondere Veranstaltungen:

- Tag des offenen Bauerngartens
- Vertretung auf Naturpark-Märkten
- Badischer Kräutertag im Naturpark

Informationen unter **www.kraeuter-regio.de**